デジタル覇者 VS 自動車巨人

Apple Car

日本経済新聞・日経クロステック
合同取材班

日経BP

目次

本書は、日本経済新聞・日経クロステック合同取材班による連載企画「アップルカーの衝撃」（『日本経済新聞』『日経クロステック』に掲載）の取材成果を基に、技術ジャーナリストの鶴原吉郎氏による書き下ろし解説や、『日経クロステック』、『日経 Automotive』『日経エレクトロニクス』両誌の関連記事などを加えて加筆修正・再編集してまとめたものです。巻末に初出を示しています。

エグゼクティブ
サマリー

自動車産業「解体」の必然

自動車産業「解体」の必然

鶴原吉郎　オートインサイト代表／技術ジャーナリスト／編集者

「自動車業界は100年に1度の大変革の時代に入った。次の100年も自動車メーカーがモビリティー社会の主役を張れる保証はどこにもない。『勝つか負けるか』ではなく、まさに『生きるか死ぬか』という瀬戸際の戦いが始まっている――」。トヨタ自動車社長の豊田章男氏が厳しい言葉で危機感をあらわにしたのは2017年11月のことだった。それから4年、コロナ禍の中で世界の自動車業界の変化は急加速している。

2020年から21年前半にかけて起こった出来事だけを見ても「米テスラ（Tesla）がトヨタ自動車を抜き、時価総額で世界最大の自動車メーカーに」「世界最大のEMS（電子機器製造受託サービス）企業である台湾・鴻海精密工業が電気自動車（EV）プラットフォーム事業に参入を表明」「20年に欧州自動車市場で新車販売に占めるEV＋プラグインハイブリッド車（PHEV）の比率が10％以上に」「ホンダが40年までに新車をすべてEV、燃料電池車（FCV）にすると発表」など枚挙に暇がない。

世界の自動車産業を覆う大変化は、独ダイムラー（Daimler）社が唱え始めた「CASE」というキーワードに集約される。いうまでもなくCASEは「コネクテッド（Connected）」「自動運転（Autonomous）」「シェア＆サービス（Share & Service）」「電動化（Electric）」の頭文字をまとめたもので、いまや世界の自動車メーカーが変化の代名詞としてこの言葉を使うようになった。

CASEは従来の車の価値の「全否定」

CASEがなぜ100年に1度の変革を象徴するキーワードなのか。それはCASEがこれまでの自動車の価値を「全否定」するものだからだ。Cのコネクテッドは「つながる」ということだが、これまでの車は外部から隔絶されたプライベートな空間であること、すなわち「つながっていないこと」が価値だったのに対し、コネクテッド機能は「つながる」ことこそが価値だと主張する。Aのオートノマスは自動運転を指すが、これまで完成車メーカーは一貫して「運転する楽しさ」を追求してきた。ところが自動運転では、その価値の源泉である「運転そのもの」がなくなってしまう。

Sはシェア＆サービスを意味するが、これまでの車はずっと「所有することの喜び、価値」を追求してきた。ところが「MaaS（モビリティー・アズ・ア・サービス)」、すなわち「サービスとしてのモビリティー」の台頭は、車は所有せず利用した方がずっと便利になるという可能性を示している。そして最後のE、すなわち電動化では「エンジンをなくす」ことが究極の目標となっている。ところがエンジンこそは、まさに自動車の象徴であり、エンジンの生み出すパワーや振動、サウンドなどがそれぞれの完成車メーカーの個性を生み出し、価値を生み出してきた。

つまり、ここまで見てきたようにCASEという「うねり」は、これまで完成車メーカー各社が追求してきた価値をすべて否定する動きであり、だからこそ、多くの既存の完成車メーカーは、次にどういう価値を追求したらいいのか戸惑いを感じている。ではなぜ既存の完成車メーカーが本音では望んでいないCASEという大波が襲ってきたのだろうか。それには3つの要因がある。(1) 欧州の思惑、(2) 中国の思惑、そして (3) IT企業の思惑——である。以下、順に見ていこう。

“ディーゼルゲート”が引き金

まず欧州発の動きだ。現在欧州の完成車メーカー各社はこぞってEVの商品ラインアップの強化に乗り出している。20年はコロナ禍により、世界的に自動車の売れ行きが低迷したが、そうした中にあって欧州市場ではEV＋PHEVの販売台数が前年の約2.4倍に当たる133万台に達した。乗用車に占めるシェアは19年に3%だったのが、20年は通年で10.5%と3倍以上になっている〔欧州自動車工業会（ACEA）調べ〕。

欧州メーカーの中で最も“脱エンジン”に熱心なのが独フォルクスワーゲン（Volkswagen、VW）だ。25年にはグループ世界生産の20%以上、30年には30%以上をEVにする目標を掲げる。この目標を実現するため、20年9月に同社としては初めてのEVプラットフォーム「モジュラー エレクトリック ドライブ マトリックス（Modular electric drive matrix、MEB）」を採用した新型車「ID.3」を発売すると同時に、MEBを採用した新型EV第2弾となる多目的スポーツ車（SUV）「ID.4」の受注を開始した（**図1**）。

つい5〜6年前まで欧州の完成車メーカーは、環境技術の柱に改良型のディーゼルエンジンやガソリンエンジンを据え、ハイブリッド車（HEV）に代表される電動化技術を柱に据える日本とは一線を画していた。その状況が一変し「環境技術はEVへ」という流れに変わった。なぜなのか——。変化の引き金を引いたのは、15年10月に明らかになったVWのディーゼルエンジン不正事件だ。

この事件は、VWがディーゼルエンジンを制御する電子制御ユニット（ECU）のソフトウエアに違法な“スイッチ”を組み込んだというものだ。排ガスの試験

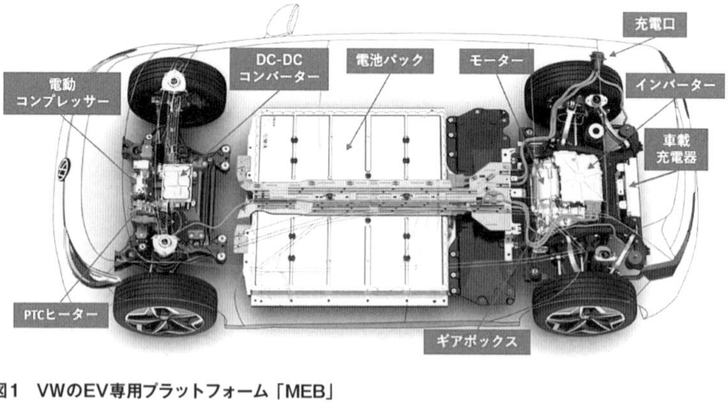

図1　VWのEV専用プラットフォーム「MEB」
床下に電池を敷き詰め、後部に電動アクスルを搭載する。ホイールベースを長くオーバーハングを短くすることで、車室や荷室の広さを実現した。（VWの資料を基に日経Automotive作成）

装置上ではECUが「試験用」の制御ソフトウエアを走らせて、排ガスに含まれる有害物質のレベルを基準値以下に抑える一方で、実際の道路上を走行しているときには“スイッチ”が作動し、ECUが「走行用」の制御ソフトウエアに切り替えて、排ガス浄化装置の中でも、特に窒素酸化物（NOx）を低減するための触媒の働きを弱める。

この触媒の働きを弱めることで、出力特性や燃費が向上するが、その代償として排ガスに含まれるNOxの量は、走行状況によって基準値の10～40倍に増加する。この事実が米環境保護局（EPA）の調査によって明らかになり、VWは当時の経営陣の退陣に追い込まれ、16年6月に米当局と総額147億米ドル（1米ドル＝106円換算で約1.6兆円）に上る制裁金を支払うことで和解するという高い代償を支払うことになった。

この事件でディーゼルに対する欧州の消費者の評価は地に落ち、欧州の完成車メーカー各社は年々厳しくなる二酸化炭素（CO_2）排出量規制に対応するためディーゼルエンジンに代わる手段を早急に見いだす必要に迫られた。このために白羽の矢が立ったのがEVである。EVであれば車両から排出されるCO_2はゼロにできるので、例えば販売台数の2割がEVになれば、単純計算ではメーカー平均の車両1台当たりのCO_2排出量は2割削減できる。欧州メーカーがこぞってEVに舵を切り始めたのにはこうした背景がある。

しかし一方でEVはバッテリーのコストが高く、車両価格は同クラスのエンジン車に比べて100万円以上割高なのが現状だ。航続距離もエンジン車に比べると短い。しかもEVの普及には、充電ステーションの数を増やす必要がある。この点、日本メーカーが推進するHEVであればバッテリーの搭載量は少なくて済み、価格上昇は20万～40万円程度で収まる。航続距離はエンジン車以上に長く、充電設備も不要だ。ではなぜ欧州メーカーより現実的な解であるHEVを選ばなかったのか。その理由は、日本のHEVの競争力が高すぎる点にある。

1997年にトヨタ自動車が世界で初めての量産HEVである「プリウス」を発売して以来、日本はHEVの生産台数でも、技術開発でも世界をリードしてきた。

もちろん欧米のメーカーもHEVを商品化しているが、日本に追いついているとは言い難い。この点、EVであれば、日本メーカーが必ずしも先行しているわけではなく、また構造が単純なため技術のキャッチアップも容易だ。欧州メーカーがEVを次世代の環境車と位置付けた裏には、日本メーカーの得意なHEVとは別の土俵で勝負しようという意図がうかがえる。

EVで「自動車強国」狙う中国

次に中国の思惑を見ていこう。中国はここ数年で世界最大のEV大国にのし上がった。その生産・販売台数は桁違いで、20年のEVとPHEVに燃料電池車（FCV）を加えた新エネルギー車（NEV）の販売台数の合計は約136万7000台と過去最高に達した（**図2**）。20年にEVとPHEVの販売が急速に伸びた欧州全体の販売台数をも上回り、世界最大のEV＋PHEVの市場となっている。なぜ中国は、これほどまでに「EV大国」になったのか。

中国がEVの普及に力を入れるのには、中国の都市部で深刻な大気汚染問題の解決や、地球温暖化対策という狙いがあるのは間違いない。しかし普及という観点から見れば、一足飛びにEVに行くのではなく、コストや航続距離、

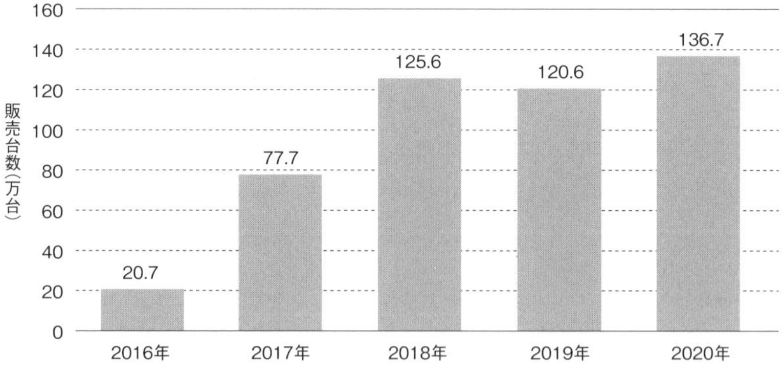

図2　中国でのNEVの販売台数
NEVは、EVとPHEV、燃料電池車（FCV）を指す。20年のNEVの販売台数の内訳は、EVが111万5000台、PHEVが25万1000台、FCVが1000台で、合計では136万7000台となる。（中国汽車工業協会の資料を基に本書作成）

充電インフラの課題がないHEVを拡大するのが現実的な解だろう。それでも、HEVを拡大する政策を中国が採らない理由は欧州と同じである。HEVの土俵で勝負しても、先行する日本には勝てないと悟っているのだ。そこで、日欧米の自動車先進国に勝てる可能性がある土俵としてEVを選んだのである。

中国は、25年までの自動車産業の育成計画として「自動車産業の中長期発展計画」を17年4月に公表した。この計画では、現在の中国を「自動車大国」と位置付けた上でコア技術やブランド力はまだまだ弱いと分析している。そこで、10年かけて技術力を向上させ、「自動車強国」に躍進させるという目標を掲げた。つまり新エネルギー車政策をテコにして技術力・ブランド力でも世界一流の自動車強国へと発展させることを政策目標として掲げているのだ。EVは、環境問題解決の手段としてよりも、中国が自動車産業を発展させるためのキーテクノロジーと位置付けて、国家としても強力にバックアップしているというのが中国の思惑である。

IT企業が自動車市場を狙う理由

ここまで欧州の思惑と中国の思惑について解説してきたが、CASEの最も強力な推進力となっているのは、自動車業界の外、すなわちIT企業の思惑である。米グーグル（Google）が自動運転を推進していることはよく知られているが、米アマゾン・ドット・コム（Amazon.com）も自動運転開発ベンチャーを買収し、さらに20年末には米アップル（Apple）が「アップルカー」の製造委託先を探しているという報道が大きな話題となった（**図3**）。なぜこうした巨大なIT企業がこぞって自動車市場を狙うのか。それは、こうしたIT企業から見れば、自動車という商品が時代の変化に全く対応できなくなっているように映っているからだ。

確かに現在の車は、燃費は向上し、静かになり、乗り心地は良くなり、エアバッグなどの装備によって格段に安全になった。つまり「より高機能・高性能」な方向には進化している。しかしこの進化は、いわばこれまでの改良の延長線

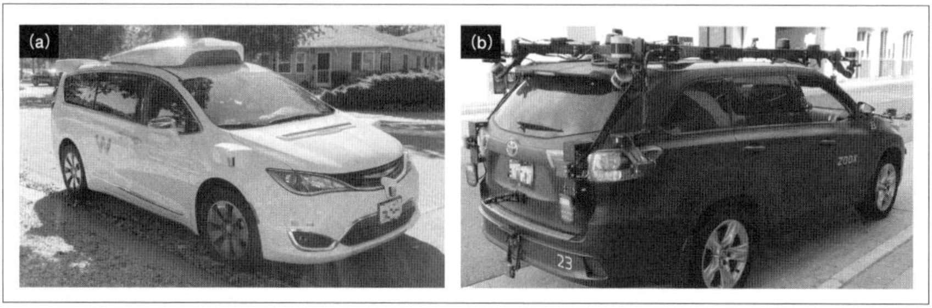

図3　米国で開発が進む自動運転車両
(a) 米カリフォルニア州パロアルトで停車中の、グーグル系の米ウェイモ（Waymo）の自動運転車両。(b) 同州サンフランシスコで停車中の、アマゾン傘下の米ズークス（Zoox）の自動運転車両。(a)(b) 共に2020年撮影。（写真：日経Automotive）

上にすぎず、高度化する消費者の要求に全く応えられていない。

これは他の産業の進化と比べてみれば明らかだ。例えば小売りの世界では、アマゾンのようなインターネットの通販サイトを使えば、店に足を運ばなくても、いつでも、どこでも、誰でも、簡単に、しかも実店舗よりもはるかに充実した品揃えの中から買い物ができるようになった。エンターテインメントの世界では「ネットフリックス（Netflix）」のような動画配信サービスを使えば、自宅のリビングにいなくても、あるいはレンタルビデオショップに足を運ばなくても、好きな動画をいつでも、どこでも、非常に多くの選択肢の中から楽しむことができる。つまり現在のビジネスは、様々な分野で「いつでも」「どこでも」「誰でも」「簡単に」「多くの選択肢の中から」という方向に進化しているのだ。

翻って車はどうか。いまの車は、当然のことだが出先で使うことはできず、自宅にいたとしても、家族が車を使っていたら、自分は使うことができない。つまり「いつでも」「どこでも」使えるわけではない。また免許証を持たない人は運転できないし、免許を取得するには時間と費用がかかる。さらに高齢になって認知能力や判断能力が低下してくると運転が難しくなる。目の不自由な人など、身体に障がいを持つ人も運転は難しい。つまり車は「誰でも」「簡単に」使えるものではない。

また、スマートフォンやパソコンは、買ったあとも、基本ソフト（OS）のアップデートや、アプリのダウンロードによって、使える機能が増え、使い勝手も向上していく。これに対して車の性能や機能は買ったばかりのときをピークとして、あとは時間が経つにつれて低下していくばかりだ。しかも車の価格は、車種にもよるが大型化や安全性向上、燃費向上などに伴って、同じ車種の売れ筋グレードを比較すると、この30年間に8割程度高くなっている。同じ期間に消費者物価が16%程度しか上昇していないことを考えると、車は「物価の劣等生」としか言いようがない。

変化を牽引するのは外部からの参入企業

このように、自動車が時代の動きに対応できていないのを見透かすように、巨大なIT企業が、自動車産業を「ディスラプト（破壊）」しようと相次いで乗り出してきていることが、「100年に1度の変化」の原動力になっている。実際、現在のCASEを牽引しているのはEVのテスラやグーグル傘下企業の自動運転技術開発企業である米ウェイモ（Waymo)、中国大手ITで自動運転技術の開発に力を注ぐ百度（バイドゥ）や中国ライドシェア大手の滴滴出行（ディディ）など、いずれも伝統的な自動車産業の外から参入してきた企業ばかりだ。

そして、これらの企業が考える将来のモビリティーの代表的なものが、「自動運転タクシー」だ。このサービスでは、必要なときにスマホなどで呼び出すと車がやってきて、ドライバーのいない車が目的地まで自動的に運んでくれ、目的地に着いたら、また別の利用者のところへ自動的に走り去っていくというものだ。現在のタクシーではコストの約3／4を運転手の人件費が占めているので、完全自動運転化により、理屈の上ではコストを1／4にできることになる。そうなれば、自動運転タクシーは多くの場合、自家用車より低コストの移動手段になるだろう。

最近ではこうした移動サービスに対してMaaSという呼び方を使う。つまり、サービスとしての車、ということで、この呼び方はもともとITの世界で使われている「SaaS（ソフトウエア・アズ・ア・サービス)」という言葉から来ている。

こうしたサービスはスマホで「いつでも」「どこでも」車を呼び出すことができるし、免許証を持っていない人でも、身体に障がいのある人でも「誰でも」「簡単に」移動の自由を享受できる。1人で移動するときには小型の車両を、大勢で移動するときには大型の車両を、という具合に「多くの選択肢の中から」ニーズにかなう車を選択することができる。つまり実用的価値という点で「自動運転タクシー」は自家用車よりもはるかに優れている。

そしてこの自動運転タクシーはCASEの究極の姿といえる。すなわち自動運転タクシーは所有する車ではなく利用する車、つまりサービスとしての車である。その名の通り、自動運転技術により運行される。自動運転タクシーの事業化をもくろむどの企業も、エンジンよりも制御性が高く、環境負荷も低いEVとすることを前提としている。

こうした自動運転タクシーの前提になっているのはCASEのC、つまりコネクティビティーである。というのもライドシェアはスマホのアプリを使って車両を呼び出す点で、ビジネスモデルそのものがネットワークの存在を前提にしているからだ。実は、コネクティビティーを前提としているのは自動運転タクシーだけではない。

既に現在でも、テスラは同社が販売するEVに搭載したソフトウエアを、ネットワークを介してアップデートする機能を搭載している（**図4**）。Wi-Fiや携帯電話のネットワークに接続することで、従来ならディーラーに持ち込むことが

図4　テスラ「モデル3」
オーバー・ジ・エア（OTA）によるソフトウエアアップデート機能を搭載する。（写真：テスラ）

必要だったソフトウエアのアップデートを可能にしたのである。これによって、テスラは「買ったあとも進化し続ける車」を実現している。コネクティビティー「C」は、CASEの「A」「S」「E」を成立させるための前提条件として不可欠な存在といえる。

「自動運転タクシー」が本格商業化

既に自動運転タクシーは現実になりつつある。先に紹介したグーグル傘下のウェイモは米アリゾナ州フェニックスで、自動運転車を使った商業移動サービス「ウェイモ・ワン（Waymo One)」を開始している。当初は限定されたユーザーのみが利用でき、安全確保のためのオペレーターが車内に同乗していた。しかし20年10月には限定されたユーザーだけではなく、誰でもウェイモの車両を呼び出すアプリを利用できるようになった。オペレーターが同乗しない車両も走り始めており、近い将来、すべての運行車両が完全自動運転になる予定だ。

自動運転タクシーの商業化を目指すのはウェイモだけではない。百度は現在、中国の北京、滄州、長沙の3都市で自動運転タクシーを使った移動サービスを試験的に提供している。安全のため運転席にドライバーは座っているが運転操作はしない。ウェイモや百度のほかにも世界で多くの企業が自動運転タクシーの実用化を目指している。

完成車メーカーと部品メーカーの垣根がなくなる

こうしたIT企業の自動車産業への参入は、大きな地殻変動を起こしつつある。20年11月、世界最大のEMS企業である鴻海は、EV向けプラットフォーム「MIH」を発表した（**図5**)。「アイフォン（iPhone)」の製造などで知られる鴻海が自動車分野に興味を示していることはかねて伝えられていたが、いよいよそれが現実になった。MIHの狙いは、新たな移動サービスのアイデアはあっても車両製造のノウハウのないIT企業や、自力でEVを開発する能力に乏しい小規模の完成車メーカーがEV市場に参入できるようにすることだ。

EVプラットフォームを手がける新規参入企業は鴻海だけではない。EV用のモーターやインバーターの製造・販売を手がける日本電産も、25年にEVプラットフォームに参入することを表明している。こうした動きに、既存の自動車産業も対抗する姿勢を見せる。トヨタ自動車はEVプラットフォームの「e-TNGA」をスズキ、ダイハツ工業、スバル（SUBARU）といった関連会社を巻き込んで共同開発しているほか、VWは米フォード・モーター（Ford Motor）にEVプラットフォーム「MEB」を供給することを表明している。テスラも「ソフトウエアやパワートレーン、電池を他社に供給する用意がある」と表明しており、将来はEVプラットフォームの供給に踏み切る可能性が取り沙汰されている。

つまり、エンジン車からEVへという大変革期をとらえ、新規参入企業、完成車メーカー、部品メーカーが三つ巴になって、プラットフォーム供給という新しいビジネスで覇を競い始めているのだ。多くの企業へプラットフォームを供給する企業は量産効果によってコスト競争力を強め、寡占化を進める可能性がある。これまで完成車メーカーは車の開発、製造から販売網の構築までを一貫して手掛けてきた。しかし、EVプラットフォームを供給する巨大企業が出現すれば、完成車メーカーは企画・開発と製造の分離という「解体」を迫られる可能性がある。

図5　鴻海が開発したEVプラットフォーム「MIH」
自動車開発の参入障壁を大きく下げる。（写真：鴻海精密工業）

広がる賛同の輪

しかし、鴻海のような自動車産業の経験のない企業に、勝算はあるのだろうか。実は鴻海は、独力で競争力を確保しようとはしていない。同社がMIHをEVオープンプラットフォームと呼んでいるように、鴻海の狙いは「自動車製造のオープン化」にある。

MIHの開発コンソーシアムである「MIHオープンプラットフォームアライアンス（MIH Open Platform Alliance）」にアライアンスパートナーとして名を連ねる企業数は、鴻海の21年1月15日付のニュースリリースによれば400社を超えている。そのリストの中には米デーナ（Dana）、米イートン（Eaton）、スウェーデン・オートリブ（Autoliv）といった伝統的な自動車部品メーカーや、中国の大手バッテリーメーカーである寧徳時代新能源科技（CATL）、独インフィニオン テクノロジーズ（Infineon Technologies）、スイスSTマイクロエレクトロニクス（STMicroelectronics）などの有力な半導体メーカーに加え、NTT、ローム、アドヴィックス、ブリヂストン、日本電産といった日本企業も含まれている。鴻海はこれらアライアンスパートナーの技術を結集して競争力のあるEVプラットフォームを造り上げようとしている。これは従来の自動車産業にはない、まさにIT業界的な発想といえる。

既に鴻海のEV事業は一部具体化してきている。21年1月には中国の浙江吉利控股集団とEVの新会社を折半出資で設立すると発表したほか、中国新興EVメーカーの拝騰（Byton）とは同社が22年から量産を計画するEV生産を支援する戦略提携を発表した。21年2月には米国の新興EVメーカーであるフィスカー（Fiscar）ともEVを共同開発し、鴻海が23年から25万台規模で量産することで基本合意した。そして21年3月には北米にEV工場を建設することを明らかにした。

テスラも先に触れたようにソフトウエアやパワートレーン、電池を他社に供給する用意があると表明しており、将来はEVプラットフォームの供給に踏み切

図6　ボッシュが開発したEVプラットフォーム
アンダーボディーやサスペンションなどの機械部品はベントラーと協業して開発した。（写真：ボッシュ）

る可能性がある。完成車メーカーだけではない。独ボッシュ（Bosch）も車体やエンジン部品を手掛ける独ベントラー・オートモーティブ（BENTELER Automotive）と組んでEVプラットフォームを開発した（**図6**）。電動パワートレーンで攻勢をかける日本電産も、25年にEVプラットフォームに参入することを表明している。EVプラットフォームは「群雄割拠」の時代に入ったといっても過言ではない。

自動車産業の「解体」は必然

こうした「開発」と「製造」の分離に関して、既存の完成車メーカーは極めて懐疑的だ。というのも、「人の命を乗せて走る工業製品」である自動車は極めて高い安全性が要求され、それを担保するために完成車メーカーと部品メーカーのすり合わせによって高い信頼性を確保してきたからだ。開発と製造が一体化しているからこそ、高い品質が保証され、また効率的な開発・製造ができると信じられてきた。

しかし、新規参入企業に対する既存企業のこうした反応には既視感がある。日経エレクトロニクスの元編集長で、早稲田大学の客員教授などを歴任した西村吉雄氏の著書『電子立国は、なぜ凋落したか』（日経BP社）に描かれた日本の電機産業は、いまの自動車産業の姿に重なって見える。

同書に「日本の半導体産業、分業を嫌い続けた果てに衰退」という章がある。半導体産業では、1980年代後半から製造工場を持たず開発に特化した会社と、製造に特化した会社による分業が広まっていった。この半導体の製造専門の会社を「ファウンドリー」と呼ぶ。現在の代表的な半導体の開発会社としては、スマートフォン用半導体大手の米クアルコム（Qualcomm）やソフトバンクに買収された英アーム（Arm）、自動運転車向けの高性能半導体で有名な米エヌビディア（NVIDIA）などがあり、ファウンドリーの代表的な企業としては台湾の台湾積体電路製造（TSMC）がある。

コロナ禍でのテレワークの普及に伴いパソコンの販売台数が急増し、そこに自動車販売の回復が加わり、さらに世界の大手半導体メーカーで工場トラブルが相次ぐなどの要因が重なって、世界の半導体需給は20年の後半から急速に逼迫した。このことで、世界の先端半導体の製造がTSMCや韓国サムスン電子（Samsung Electronics）など一部の企業に集中していることが、サプライチェーンの課題としてクローズアップされた。つまり半導体業界ではTSMCのような製造専門の企業がサプライチェーンの非常に重要な地位を占めているわけだ。

「開発」と「製造」の分離を嫌った日本企業

半導体業界で開発と製造の分業が広がり始めたのは1980年代末ごろからのことだった。しかし日本の半導体メーカーはこれを嫌い、開発と製造を統合した事業形態に最近まで固執し続けた。「これが日本半導体産業の衰退の一因、私はそう考えている」と西村氏は指摘する。ではなぜ、半導体産業では、「開発」と「製造」の分業が始まったのだろうか。そして、日本の半導体業界はなぜ分業を嫌ったのだろうか。

半導体の世界で「開発」と「製造」の分業が進んだ背景を、西村氏は「出版」と「印刷」のアナロジーで解き明かしている。出版社の役割は「読者が何を読みたがっているか」を探り当て、コンテンツを作成することだ。このプロセスに大規模な設備は要らない。逆に印刷業は装置産業であり、最大のコストは印刷機の償却費用である。従って、印刷会社は「いかに稼働率を上げるか」が最大のテーマとなる。

このアナロジーから分かるように「多様なユーザーニーズにきめ細かく対応する」ことが求められる「開発」の業務と、「なるべく同じ製品を大量に生産する」ことを志向する「製造」の業務はもともと相容れない。西村氏が最初にこのことに気づいたのは学会だったという。同じ半導体技術者でも、開発の技術者と、製造の技術者では、あまりにも興味の方向が違いすぎることから、両者を分離するのが合理的なのでは、と考えるようになったというのだ。

半導体の世界では、技術の高度化（製造プロセスの微細化）に伴って、半導体製造設備への投資はどんどん膨れ上がっている。当然、それだけの設備を自社開発の半導体だけで埋められるメーカーは限られる。米インテル（Intel）やサムスン電子のような企業ではそれが可能でも、ほとんどのメーカーでは設備への投資・維持が難しくなってきた。これが半導体業界での開発と製造の分離が進んだ背景にある。

なぜ日本では分業が進まなかったのか

1980年代の後半になると、半導体における開発と製造の分業は、世界的に大きな潮流となった。それでも、日本の半導体メーカーは、開発と製造の分業を嫌い続けた。何人かの半導体メーカーの幹部は、私的な席で西村氏にこう語ったという。「理屈ではあなたの言う通りだと思うよ。でもウチの会社じゃ無理だね」。

なぜ日本では半導体の開発・製造分離が進まなかったのか。その理由の1つに、当初のファウンドリーは研究開発に投資するほどの利幅を確保できず、製造技術面で統合メーカー（半導体の開発から製造まで一貫して手がけるメーカー）に比べて一段低いとみなされていたことがある。実際、当時のファウンドリーは最先端デバイスの製造ができず、少し遅れた製品を他社ブランドで安く製造する存在だった。少なくとも、日本の半導体メーカーはファウンドリーをそう見下していた。「見下される存在になりたくないという意識が、日本の半導体メーカーにはあったのだろう」と西村氏は推測する。

ところが、次第にファウンドリーの製造技術が統合メーカーの製造技術を凌駕するようになっていく。その理由の1つは、半導体製造装置メーカーとファウンドリーが連携を強めたことだ。ファウンドリーの方が設備の稼働率が高いため装置の償却が早く、従って装置の更新が早い。ファウンドリーの設備の方が新しくなったのである。

さらに、製造装置メーカーが新装置の開発にファウンドリーの工場を利用するようになった。というのは、半導体の統合メーカーの場合、自社ラインを装置メーカーに貸して装置開発に協力したとしても、そこで得られた情報が装置メーカーを通して他の統合メーカーに伝わることを嫌ったからだ。

半導体は微細化するほど、電子の移動距離が短くなるので、計算が速くなる。逆にいえば同じ内容の計算なら電子の移動距離が短くなる分、消費電力を低減できる。アップルは「M1」チップを搭載した「マックブックエア（MacBook Air)」が、最新のウィンドウズ（Windows）パソコンのピークパワーを1／4の消費電力で発揮できると主張している。先に触れたようにアップルのM1チップはTSMCが製造しており、製造装置メーカーとの関係の深さが技術力の差になってきている可能性が高い。インテルがファウンドリー事業に乗り出すと表明したのも、そういった背景があってのことだろう。

完成車メーカーも「ファウンドリー」になる？

車は組み立て産業であり、半導体とは製造プロセスが全く違うという意見もあるかもしれない。確かに現在のエンジンや変速機は人手による組み立て工程も多い。しかし、これがモーターになればほとんどの製造工程は自動化される。また、現在は複数のプレス部品を組み合わせて造っている車体の製造ラインを大胆に改革しようという動きもある。例えばテスラは住宅ほどもあるような巨大なアルミダイカストマシンを導入し、70以上あった鋼製プレス部品を1つのアルミダイカスト品に集約しようとしている。こうした巨額の投資を伴う装置の導入は生産性を飛躍的に向上させるが、投資を回収できる確かな見通しがなければ踏み切れない。

先に触れたように、今後、車のEV化や、自動運転車を使った移動サービスの登場に伴って、異業種から自動車産業に参入する動きは加速すると考えられる。しかし、異業種の企業は車両の製造ノウハウを持っていないし、そもそも車両を製造することにそれほど興味を持っていない。というのも車両製造というビジネスは、IT産業から見ると利益率の低いビジネスであり、魅力に乏しいからだ。そのため「車両製造は外部の企業に任せたい」と考えており、今後も車両製造の製造請負に対するニーズは高まる一方だろう。

アップルカーを巡る報道では、韓国・現代自動車の交渉は破断に終わったと伝えられている。現代が製造の請負を嫌ったのは車両開発の主導権を外部の企業に握られたくないからだろう。しかし、もしも既存の完成車メーカーの中で、モビリティーサービスを提供したい新規参入企業の車両製造を手がけるメーカーが出てくれば、そうした完成車メーカーは、工場の稼働率を高めることができ、そのぶん製造設備の償却を早め、最新の設備を導入してますます競争力を高めるというサイクルに入ることも考えられる。

半導体だけではない。電機・電子分野ではブラウン管テレビから液晶テレビへの世代交代においても開発・製造の分離が起こり、日本の家電メーカーは競争力を失った。車の主流がエンジン車からEVに移り変わるとき、そのビジネスモデルもまた変わるのが必然である。そして半導体の世界に見るように、その生き残りの解も1つではない。

アップルのように製造を最先端の製造設備を持つメーカーに任せるという選択肢もあれば、サムスン電子のように開発・製造の両方を手掛けつつ外部から製造を請け負って設備稼働率を維持するという考え方もあるだろう。ただ1ついえるのは、技術の世代交代が起きるときには必ずビジネスモデルの変化を伴い、変われない企業は淘汰されるということだ。自社の事業をいったん「解体」し、時代の流れに合うように組み立て直すことができなければ、巨大な完成車メーカーといえども変化の奔流にのみ込まれてしまうだろう。

第1章

アップル参入で、壊れる自動車業界

1-1
アップルがついに自動車分野へ

2020年12月、米アップル（Apple）が電気自動車（EV）の生産を目指して、関連技術の開発を進めていると、ロイター通信や台湾メディアが報じた[注)]。同社の自動車分野への進出は以前から取り沙汰されてきた。既に「カープレイ」といった車載機器との連携機能を提供済みだが、アップル自らが本当にEVまでを製品化するかどうかが、最大の関心事だ。仮にアップルのEVが製品化されるとした場合、アップルブランドという点を除き、他の自動車メーカーとの差異化のポイントは何になるのか――。

ロイター通信の報道では、アップルは独自の電池技術で差異化を図るとしている。だが、それは一筋縄ではいかない。例えば英ダイソン（Dyson）が電池技術を軸にEV事業の参入を表明したものの、全固体電池の研究開発などを除いて、2019年10月にEV事業から撤退を決めた。こうした背景を考慮すると、アップルの場合には、アイフォン（iPhone）との連携を含めたユーザー体験（UX）で差異化を図ると考えるのが自然だろう。

既に、その萌芽（ほうが）はある。車載情報機器とアイフォンを連携させるカープレイ機能を通じて、UX向上の知見をためている。同社がカープレイを発表した14年から、対応する車載情報機器や車種は徐々に増え、今や多くの自動車で採用されるようになっている。20年6月に開催した開発者会議「WWDC20」では、世界の新車の約80%、米国ではそれを上回る97%の新車

注）21年1月中旬には、韓国メディアが「アップルカーを生産するメーカーとして韓国・現代自動車グループが検討を始めた」と報じている。

がカープレイに対応していることを明らかにした。

カープレイ機能を使うことで、「マップ」「電話」「ミュージック」「メッセージ」といったアイフォンアプリが車載ディスプレー上に表示され、ユーザーはアイコンをタッチしたり、車載機器のボタンを押したりすれば、各アプリを利用できる。音声対話機能「シリ（Siri)」による操作にも対応する。一連のカープレイ対応アプリの中で、最も利用頻度が高いのがマップによるナビ機能だろう。そのため、マップ機能強化に注力している。この基盤となる地図アプリ自体も、先行する米グーグル（Google）の地図アプリの背中を猛追している。

加えて、クルマのデジタルキーの分野にも参入した。アイフォンやアップルウォッチをデジタルキーとして利用できる「カーキー」である（**図1-1**)。独BMWが対応車を発売済みだ。20年の時点では近距離無線通信（NFC）で施錠・解錠しているが、21年には超広帯域無線通信技術（UWB）でも実施できるようにする。既にアイフォンやアップルウォッチの最新機種にはUWBを採用済みである。

UWBを自動車のデジタルキーに利用することで、単なる鍵だけにとどまらず、自動車の安全性や利便性を一段と高める用途に適用できる。UWBは高精度な測位・測距が可能だ。この特性を生かして、「リレーアタック」による自動車の盗難を防ぎやすい。自動車に近づくだけで運転席やトランク、ガレージの扉を自動で開錠できる。所有者が近づくだけで運転席の扉が自動で開錠され、着席するとクルマが始動し、運転者の好みに合わせたナビ機能の設定や車内照明の調整といった「パーソナル化」処理も自動で行う。

図1-1　アイフォンを扉に近づけて鍵を解錠する様子
（画像：WWDC20での基調講演をキャプチャーしたもの）

こうした機能はブルートゥースやNFCによるデジタルキーでも可能だが、UWBであれば、より高精度に、かつポケットやカバンにスマホを入れたままで実現できる。

自動運転でも技術蓄積

先進性も、アップル製品の売りだ。自動車ならば自動運転機能に相当するだろう。実際、アップルは自動運転技術の研究開発に力を入れている。米カリフォルニア州では、テストドライバーの同乗を条件に、同州の車両管理局（DMV）が公道試験の認可を出している。同社は、認可を得たおよそ60社のうちの1社である。自社技術を対外的に発表することがほとんどないアップルだが、同社の実力の一端は、DMVが各社の公道試験結果をまとめた年次報告書からうかがえる。

前回の18年度通期では、アップルの自動運転車の結果は惨憺（さんたん）たるもの。総走行距離約12万8300kmに対して、離脱回数は約6万9500回で、自動運転継続平均距離はわずか約1.8kmだった。そのためか、19年1月にアップルの自動運転開発部門で、200人規模の人員削減が行われたと米CNBCなどが報じた。その後、同年6月に自動運転技術の新興企業である米ドライブ・エーアイ（Drive.ai）を買収し、巻き返しを図った（**図1-2**）。

図1-2　アップルが買収したドライブ・エーアイの自動運転車
（出所：ドライブ・エーアイ）

19年度通期の報告書には、こうした動きが如実に表れている。アップルが公道試験を始めたのは19年6月からで、

18年12月から19年5月までは0kmである。その結果、19年度の報告書での総走行距離は約1万2100kmと、前回の1／10以下になったが、自動運転継続平均距離は約190kmと、前回の100倍以上に延びた。

対してドライブ・エーアイが公道試験を実施したのは、アップルに買収される18年12月から19年5月まで。そこまでで、総走行距離は約6400kmだった。自動運転継続平均距離は約85.3kmと、前回より成績を落とした。

アップルにドライブ・エーアイを加えた、アップルの「新生・自動運転開発部門」として計算してみると、総走行距離が約1万8500kmで、離脱回数は139回、自動運転継続平均距離は約133kmとなる。自動運転継続平均距離は、前期（18年度）のドライブ・エーアイ並みといえる。

成績を伸ばしたとはいえ、競合の背中はまだ遠い。DMVの年次報告書を見る限り、米ウェイモ（Waymo）や米ゼネラルモーターズ（General Motors、GM）社傘下のクルーズ（Cruise）、米アマゾン・ドット・コム（Amazon.com）傘下のズークス（Zoox）、中国系の小馬智行（ポニー・エーアイ）や百度（バイドゥ）、オートXテクノロジーズ（AutoX Technologies）などの成果には及ばなかった。

高い半導体設計能力が武器に

こうした競合に追いつくために大きな武器となりそうなのが、半導体だろう。アップルはこれまで、モバイル機器向けのアプリケーションプロセッサー（SoC）である「Aシリーズ」を手掛けてきたが、20年にはついに独自のSoC「M1」を搭載した「マック」を発売し、パソコンのプロセッサーまで自社開発品に置き換え始めた。この延長で自動運転に対応した車載コンピューターに搭載するSoCまでアップル製にする可能性がある。

米テスラ（Tesla）の取り組みを見れば、十分にあり得る。同社が19年4月に発表した自動運転向け車載コンピューター「FSD」には、自社開発した独自SoCを採用した。ニューラルネットワーク用のアクセラレーター（NNA）回路やグラフィックス・プロセッシング・ユニット（GPU）コア、セントラル・プロセッシング・ユニット（CPU）コア、イメージ・シグナル・プロセッサー（ISP）回路、各種インターフェース回路などを搭載した。NNA回路の処理性能は、動作周波数2GHz時で36TOPS（1秒当たり36兆回の演算が可能）。2回路あり、計72TOPS（1秒当たり72兆回の演算が可能）となる。

こうした高い処理性能に加えて、消費電力が小さい点を特徴にうたう。すなわち、電力効率が高い。FSDはSoCを2つ搭載しており、消費電力は75W。テスラが目標とした100Wを下回った。

アップルのAシリーズやM1も、高い電力効率が売りである。M1搭載マックは、高い演算処理性能と低い消費電力がユーザーに受けて、人気を博している。自動運転車の場合、車載コンピューターの消費電力が大きな課題となる。高性能で高い電力効率を持つプロセッサーを設計できるアップルは優位な立場にいるといえるだろう。

実は、AシリーズもテスラのSoCも、同じ著名半導体技術者が深く関与している。それが、ジム・ケラー（Jim Keller）氏だ。Aシリーズ最初のSoCである「A4」の開発は同氏が主導した。その後テスラに移籍し、同社独自のSoCの開発も主導したとされる。

半導体などを武器にアップルは自動運転技術で先行できるか——。まずは21年に公開される見込みのDMVの年次報告書が試金石になりそうだ。

1-2
新しい産業への転換が起こり始めた

米アップル（Apple）の自動車業界参入がいよいよ現実味を帯びてきた。2020年12月の報道に続き、21年1月には、同社と韓国・現代自動車の協業検討のニュースが世界を駆け巡り、自動車業界が騒然となった。折しも自動車産業は100年に1度といわれる変革期のさなか。「もしも、アップルカーが登場したら…」どうなるのか。日産自動車で最高執行責任者（COO）を務めたINCJ会長の志賀俊之氏に聞いた。

――アップルカーのニュースを聞いて、率直にどんな感想をもたれましたか。

数年前から自動運転技術開発の「タイタンプロジェクト」は知られていた。自動車メーカーに自動運転ソフトを売るのでは、といわれていた。2021年になって世界の自動車大手と生産を巡って協議しているという報道がされ、「やっぱり造るんだ」と思った。

元日産COOの志賀俊之氏（写真：日本経済新聞社）

自動車の生産は、車体受託メーカーであるオーストリアのマグナ・シュタイヤー（Magna Steyr）など一部を除き、自動車メーカー自ら開発して生産してきた。デジタル家電では電子機器の受託製造サービス（EMS）の手法が採られ、設計と生産の分業が進んでいる。自動車もついに、デザインをして開発するプレーヤーと、エンジニアリングするプレーヤーに分かれる。ODM（相手先ブランドによる設計・製造）といわれる新しい産業への転換が起こり始めている。

――自動車の生産には高い参入障壁がありました。

なぜ、自動車の内製が長く続いてきたかというと、メカニカルハードウエアの擦り合わせをコアバリューにしていたためだ。デジタル家電のEMSのように外部委託できなかった。エンジニアリング、つまり造り方を内製していたが、今はハードからソフトウエアに主従関係が逆転している。エンジン制御などでソフトが主になって、ハードが従になってきた。米テスラ（Tesla）がいい例だろう。テスラはオーバー・ジ・エア（OTA）という遠隔操作でソフトを更新し、性能を向上する機能を提供している。

――独フォルクスワーゲン（Volkswagen、VW）やトヨタ自動車もOTAに力を入れ始めました。

自動車産業の動きはテスラに比べ、10年くらい遅れている。ソフトで遅れているという認識がないまま、ハードに固執している。それが伝統的な自動車産業で、ここが問題だ。伝統的なハードのものづくりメーカーは企業価値が向上していない。ソフトを中心とした企業は、スケールアップに潜在的な成長性を見いだされ、投資家が集まっている。

OTAが普及すると、自動車を買った時点から、性能が上がっていく。従来の自動車の売り方が変わってくる。中古車の査定も変わっていくだろう。いろいろな業界の慣行が変化を迫られる。CASE（コネクテッド、自動運転、シェアリング、電動化）の先にあるモビリティーライフの変わり方、車のありようの変わり方を顧客目線で見据える必要がある。自動車の経営者はそういう発想を持たなければならない。

――テスラは機動的に増資し、資本市場を有効活用しています。

テスラはドイツ・ベルリンに電気自動車（EV）向けの電池工場の建設を計画しているが、株高を生かして、少し増資するだけで資金が集まり、電池工場を造れてしまう。資本が伝統的メーカーではなく、ITの方に集まるため、投資もしやすい。CASEが自動車のありようだけではなく、産業の構造を変えようとしている。

――もしも、アップルが自動車を造ったら、どんな新しい価値観を持ち込むでしょうか。

アップルカーは人を乗せて移動するのを目的としないだろう。アイフォンのデバイスの1つに自動車を位置付けるのではないか。例えば、アップルウォッチではセンサーで生体データを集約している。アップルカーでも、シートに座るとセンサーで生体データを集め、そうしたデータを生かした新たな付加価値を生み出すのではないか。

アイフォンとアップルウォッチ、そしてクルマで、完全なコネクティビティーができあがる。これまでの自動車のドライビングプレジャーといわれるような走る喜び、移動の価値とは次元の異なる価値観が提示されるかもしれない。伝統的な自動車の価値とは全く違う形になる。かつての価値観が吹っ飛ばされかねない。

――アップル創業者のスティーブ・ジョブズ（Steve Jobs）氏は生前、自動車の開発構想を描いていたといわれています。

07年のアイフォン登場と同様の衝撃が20年代に来るだろう。誰が造ったかは関係なく、仕組みやバリューとして何を提供するか、が重要となる。自動運転、EVだけでは顧客は満足しない。ジョブズ氏が健在だったら、そういう自動車を造るだろう。ドライビングは興奮、エキサイトメントを提供してきた。アップルカーは全く異なったバリューで、興奮ではなく、ストレスを感じないような自動車にしていくのではないか。

アイフォンでもボタンがないという衝撃があった。例えば、自動車でもコックピットにスタートボタンがなくなるかもしれない。直感的に押したところが、スタートボタンに変わる。人間工学ともマッチする。伝統的な自動車メーカーはコックピットのボタンを減らせない。今も読む人が少ないであろうオーナーズマニュアルの厚さは5cmもある。

——アップルは直販モデルを入れてくるかもしれません。

自動車が系列販売網を持つことが独禁法違反という声もあった。自動車が販売会社、中古車、保険、車検を提供し、顧客を抱え込むことで再購入比率を上げてきた。それをさらに抱え込むという、伝統的な売り方が100年壊れなかった。だが、コロナ禍で自動車の販売店に行きたくないため、家で自動車を注文したい、スマホで買いたいという動きが始まった。これは確実に大きくなるだろう。ここは真剣に変わらなければならない。

——高度道路交通システム（ITS）といわれたように、自動車産業もずっとコネクテッドやソフトの開発に力を入れていましたが。

OTAももちろん、研究していた。ところが、自動車はメカニカル制御を強みとしてきたため、自動車会社のヒエラルキーはメカ系の人が上にあがり、ソフト系は上にあがっていかない。ソフト化を進めると、「サイバー攻撃されたらどうするのか」と議論になるが、テスラは世界最高クラスのセキュリティー人材が社内にいて対応している。自動車会社にはそうした人材が少ない。

——アップルカーに先立ち、テスラの成功が自動車産業に大きな影響を与えました。

テスラは自動車のあり方を変え、将来のあり方を提案してきている。電池の置き方にしても、全く違う。自動車メーカーの考える電池の置き方をしない。自動車メーカーは衝突安全性を重視し、横からでも前からぶつかっても大丈夫なように考え、真ん中に電池を入れる。

テスラはフロアの端から端まで入れる。事故で火事が起きても、人を助けられればいいという発想だ。水冷の仕組みを入れ、発火までの時間を遅らせ、その間に車外に逃げられるようにした。ソフト開発でも、バグがあってもパッチしていくというITのやり方を取り入れている。自動車メーカーは顧客に自動車が届いた時点で完全を目指すが、IT企業は異なる思想を持つ。

――日本の自動車産業はこの変化にどう対応していく必要がありますか。

今からITエンジニアを集めて、米グーグル（Google）やアップル、テスラと同じ土俵で対抗していくのは無理がある。時計でクオーツ式が登場した時、機械式の将来は不安視された。ただ、機械式は高級時計として生き残っている。本来の自動車メーカーとしての勝ち方を貫くのも1つの手だ。ハードの擦り合わせはニッチになるかもしれないが、中途半端はいけない。

ドライビングプレジャーを追求する考えでもいい。内燃機関にバリューがあると考え、二酸化炭素をオフセットしていく売り方を考えるなど、工夫できる。日産自動車も「イーパワー（e-POWER)」の発電用エンジンの熱効率を50%まで高め、カーボンニュートラルに貢献できる技術を開発した。新型EV「アリア」は相当な走りの良さで、ドライビングプレジャーEVを志向している。ブックエンドストラテジーとも言うが、両端にEVと「GT-R」を置き、顧客に価値を訴求している。

――欧米の自動車メーカーはEVシフトを進めています。

日本の自動車産業には楽観論がある。「まだ、勝てる」と思っている。ハイブリッド車が電動車として認められている間は残るだろう。ただ、競合が新しいバリューを常態化しようとしている以上、「今のままの状態で大丈夫」と考えているとしたら心配だ。今こそ、どのようにして我々は生き残るのだ、という明確なビジョンを描いて戦うことが求められている。ビジョンがないままでは「ゆでガエル」になりかねない。

1-3

ガラケー駆逐したアップル、その破壊力再び

米アップル（Apple）が電気自動車（EV）に参入すれば、自動車産業の秩序を破壊しかねない。ガラケーを駆逐した同社故、スマートフォンの再来を想起させ、既存の退屈な車を再定義するとの期待が高まるからだ。とりわけ注目を集めるのが、ビジネスモデル、生産、販売への影響である。2025年前後の量産と噂されるアップルカー。各界の識者の見方を基に、その破壊力を見通す。

「これまでの車の価値は吹き飛ぶ」――。

前節で紹介した通り、元日産自動車COO（最高執行責任者）で、INCJ会長の志賀俊之氏は、アップルカーに対する危機感をあらわにする。自動車がアイフォンと同様にアップルのオンラインサービスにつながる一端末として「従属」した存在になると考えるからだ（**図1-3**）。日本自動車工業会会長の豊田章男氏

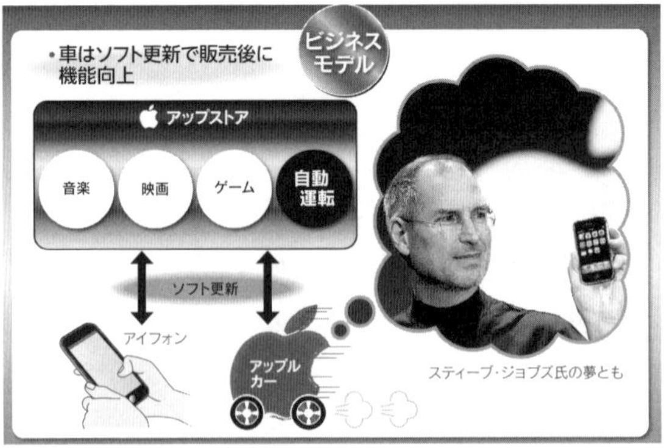

図1-3　アップルカーは車のビジネスモデルを変えるか
車はアイフォンと同様にアップストアにつながる一端末になる。販売後にソフト更新で機能を向上する新しいビジネスモデルが本格的に幕開けするかもしれない。（作成：日本経済新聞社）

は、「車は造った後に30～40年使われる。（アップルに）その覚悟はあるか」と警戒を強める。

アップル自身はいつもの秘密主義を貫き、何も明かさない。ただ韓国・現代自動車が2021年1月にアップルとの交渉を公表し、その後に撤回したことで「公然の秘密」となった。世界中でアップルカーに対する期待が高まる一方、株式時価総額で世界最大の最強テック企業の計画に、既存の自動車メーカーは恐れおののく。

米アルファベット（Alphabet）をはじめ、IT企業が自動車産業への参入をもくろむのは今や普通である。自動運転技術などの進化で車の付加価値がハードウエアからソフトウエアに移る中、ソフト開発にたけたIT企業に好機が生まれるとみるのは当然だ。

ただ、アップルがあまたあるIT企業と異なるのは、ハードの開発能力が抜群に高いことである。大半の新規参入企業は車両という数万点に及ぶ部品を組み合わせたハードの開発でつまずく。最近その壁を乗り越えられたのは、米テスラ（Tesla）くらいだ。

アップルならば車両開発の高い壁をやすやすと乗り越え、しかも「既存の自動車メーカーの造る車両をはるかに上回る価値を提供する」（志賀氏）と思わせる“何か”がある。スマートフォンという人々の生活を一変させた製品を発明した企業である上、アイフォンのボディーをアルミニウム合金の塊から削り出しで造るなど「ものづくり」に強いこだわりがあるからだ。

影も形もないアップルカーにこれほど注目が集まるのは、既存の車に対する不満の裏返しとも言える。車が発明されて100年以上、安全性を高めて環境負荷を減らすなど負の側面を小さくしてきた。一方で本質的なところは何も変わっていない。ステアリングを握り、アクセルペダルを踏んだりブレーキをかけたりしながら目的地まで走らせる。アップルに「退屈な車の再定義」を期待したくなるわけだ。

アイフォンの革新性を体現するユーザーインターフェース（UI）研究の泰斗、

東京大学大学院教授の暦本純一氏はアップルカーに対して「車の根源的な問題解決を狙うのではないか」と「魔法」を期待する。一例として「酔わない車」を挙げるが、そんな夢を見る気にさせるところがアップルの真骨頂だろう。既存の延長上の開発に終始する自動車メーカーには到底期待できない。

テスラの成功がアップルを魅了したか

アップルがEV開発を模索する背景には、テスラの躍進が大きいと多くの識者が指摘する。とりわけアップルを魅了したと思わせるのが、無線通信によるソフト更新で発売後に機能を高めるオーバー・ジ・エア（OTA）を採用し、一定の成功を収めていることだ。アイフォンの「生態系」を車に持ち込むことが現実味を帯びてきた。

アップルは、アイフォンというハードの販売とともに、アプリ配信基盤「アップストア」で利用者が開発者に支払う料金の一部を手数料として得る両輪で収益を高めてきた。OTAでアップストアからアップルカーのアプリを更新することで、アイフォンの「勝利の方程式」をEVで実現するわけだ。アップルカーの登場で「OTAができないEVは競争力を失う」（インテルでデジタルインフラストラクチャーダイレクターを務める野辺継男氏）との見方が飛び出す。

アップルがEV開発を模索する裏には、スマートフォンが成熟産業に差し掛かっていることもありそうだ（**図1-4**）。アップルが成長を続けるには新市場が欠かせないが、同社の売上高は既に約30兆円に上る。今さら小さな市場に参入しても成長を望めない。

『Google vs トヨタ』の著作があるナビゲータープラットフォーム取締役の泉田良輔氏は「巨人に見合う市場規模の産業は自動車や医療、エネルギーなど少なく、（EV参入は）自然な流れ」と読み解く。アップルは手元資金が潤沢で、投資家による株主還元の圧力が強い。EV開発は「手元資金の使い道の一環」（同氏）でもある。

しかもアップルがEVへの参入をもくろむとされる25年前後は、自動車産業

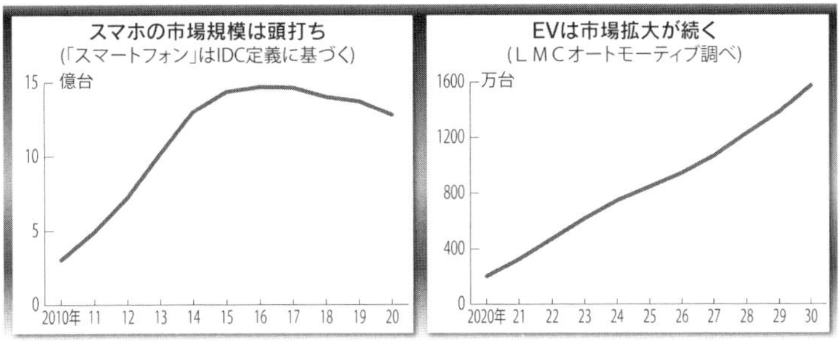

図1-4　スマホの成長に陰り
スマホの世界市場が頭打ちになる一方、EVの世界市場は拡大するとみられている。
（IDCとLMCオートモーティブのデータを基に日本経済新聞社が作成）

の転換点となり得る絶好機である。現状は大半の企業が赤字とささやかれるEVの利幅がエンジン車並みになり、一気に普及が進む可能性がある。裏を返すと、25年前後までにEV市場に参入しなければ、先行企業に取り残されかねない。

ゴールドマン・サックス証券マネージング・ディレクターの湯澤康太氏は、25年にEVのコストの多くを占めるリチウムイオン電池の価格が100米ドル／kWhを下回り、2000米ドルの補助金を前提にすると、EVでエンジン車並みの利益水準になると予測する。「日系メーカーは補助金前提の事業構想を嫌いがちだが、世界でゼロカーボンを目指す動きの中でEVの補助金を減らす政策はとりにくい」（湯澤氏）と分析し、EVの販売が一気に増えるとみる。

EV開発に苦しむ自動車メーカーを見透かす

アップルカーの登場は、アップストアを利用した新しいビジネスモデルとともに、車の生産と販売のあり方をがらりと変える破壊力を秘める。とりわけ注目を集めるのは、EV化の中でたびたび構想されてきた生産の水平分業化を加速させかねないことだ。自動車産業における最大の参入障壁が消え、多くの企業の参入を促す起爆剤になり得る。

アップルはアイフォンなどを自前で設計するものの、生産は台湾・鴻海精密工業（Hon Hai Precision Industry）など外部に委託することで利益を高めてきた。多くの識者がEV生産に同じ発想を持ち込む可能性を指摘する（**図1-5**）。アップルと比べられがちなテスラは自社生産に力を注ぐため、2社で最も大きく異なる点になるだろう。

図1-5　車で水平分業が始まるか
生産を自前でやるのか他社に委託するのかが、テスラとアップルの最大の違いとみる識者は多い。
（作成：日本経済新聞社）

自動車業界で車両の生産は競争力の源泉である。1分1台のペースでミスなく安価に車を組み立てる工程は、一朝一夕に実現しない。1000億円超の投資に加えて維持費も大きい。エンジン車の時代においては他社の生産を受ける自動車メーカーはそうそういなかった。

ところがEVになることで生産委託が進むとみられるのは、短期的にはEVの市場規模が小さいにもかかわらず、厳しい環境規制により一定数のEV販売を余儀なくされるからだ。自動車メーカーによっては投資回収を早める手段として生産受託に一考の余地があると考える。アップルが世界の自動車メーカーに生産委託の打診をしたとの話が駆け巡るのも、当面は少ないEV生産量に苦しむ自動車メーカーの実情を見透かすからだろう。

ナカニシ自動車産業リサーチ代表アナリストの中西孝樹氏は、アップルが参入するには「自動車メーカーやオーストリアのマグナ・シュタイヤー（Magna Steyr）といった自動車の開発と生産の両面で知見がある企業との連携が要る」とみる。デジタルキー開発で協業する独BMWを買収するのも手っ取り早い、との大胆な見方を披露する。

中長期的には、鴻海といった電機産業を支える受託生産企業が台頭する可能性がある。同社は20年にEVプラットフォームを開発すると発表した。21年3月には北米でEV工場を建設する計画を明らかにしている。鴻海に自動車開発の経験はなく実力は未知数だが、アップルにとってみればアイフォン生産で関係の深い鴻海だけに組みやすい相手である。

販売面では、テスラのようにインターネット経由の直販を加速させるとの指摘が多い（図1-6）。系列の自動車販売店が主流の既存の秩序を崩しかねない。

アップルはかねて、アイフォンの直販比率を向上させることで利益を高めてきた。加えてアップルは直販とともに家電量販店や携帯電話販売店を活用する。EVについても、直販と量販店を共に活用して販売を増やすのではないかとの見方があった。

図1-6　直販が主流か
アップルカーにアイフォンの販売形態を持ち込めば、直販と量販店が主流になる。（作成：日本経済新聞社）

一方で量販店を使わずに、直販に絞ると予想するのは元アップル日本法人代表取締役である前刀禎明氏だ。「最高の体験」を実現する直営のアップルストアにEVを置いて、販売は直営店とオンラインに限定するのがアップルらしいと考える。「アイフォンに比べれば販売台数はかなり少ない。直営店で対応できる範囲ではないか」（前刀氏）と分析する。

レベル4自動運転を搭載できるか

アップルカーにどんな機能や技術を盛り込むのか。多くの識者が予想するのが、今や生活の必需品となったアイフォンと車をストレスなく連携させることだ。単純だが、これだけでもスマホを手掛けないテスラや既存の自動車メーカーと大きく差異化できる。

実のところ、アップルは、アイフォンや腕時計型端末「アップルウォッチ」などと車を連携するための布石を長年かけて打ってきた。代表例が車載情報システム「カープレイ」とデジタルキー「カーキー」、超広帯域無線通信（UWB）である。アイフォンユーザーの利用環境を途切れることなくアップルカーに引き継ぐ仕組みをほぼ構築済みだ。「アップルは自然な体験を極めて重視する」（前刀氏）。

アイフォンをかばんに入れて歩きながら車のドアをカーキーにより自動で解錠し、乗り込むと自然に車両とカープレイが起動する（**図1-7**）。同時に無線イヤホン「エアーポッズ」で聴いていた音楽配信「アップルミュージック」の曲が車内に流れる——。

こうした車とアイフォンの自然な連携の鍵を握る技術の1つが、アップルが19年に発売した「アイフォン 11」から採用したUWBである。車とスマホの距離を約10cmの高い精度で測位できる[注)]。現状のカーキーは近距離無線通信（NFC）を利用するため、車の解錠にアイフォンをポケットやかばんから取り出す必要がある。UWBになれば車とスマホの距離を正確に把握できるため「ポケットから取り出すことなく解錠できる」（UWBチップを手掛けるNXPジャパンでアドバンスド・オートモーティブ・アナログ部部長の林則彦氏）。

図1-7　BMWがアップルと共同開発するデジタルキー
UWBを利用することで、かばんにアイフォンを入れたまま車を解錠できる。（出所：BMW）

注）UWBで測位精度を高められるのは、帯域幅が500MHzと広いからだ。広い周波数帯を使うほど、鋭く立った短いパルス信号を送信できる。反射波が戻るまでの時間で距離を計測するタイム・オブ・フライト（ToF）方式の場合、パルス信号が鋭く立つほど反射波が周囲の雑音に埋もれにくくなり、測距の精度を高められる。

アップルが独自プロセッサー（SoC）を設計していることも、アイフォンを中心とした生態系と車の連携を加速させるのに役立つ（**図1-8**）。アイフォンやタブレット端末「アイパッド」、アップルウォッチなどは同じアーキテクチャーに基づくSoCを利用することで、途切れにくく遅延の短い端末間のデータのやり取りを実現する。

英調査会社オムディア（Omdia）の南川明氏は「自社製SoCがアップルの提供する体験の鍵を握っている」と分析する。アップルカーに自社製SoCを採用すれば、アップル製品と車の連携をさらに自然にできる。

自社製SoCの採用は、EVの弱点解消にもつながる。例えばパソコン「マック」に採用したSoC「M1」では、演算性能を高めつつ消費電力を大きく減らした。EVに応用すれば、商品性能の根幹となる航続距離を延ばせる。

アップルカーの自動運転機能については、当初は無人運転できるレベル4の水準に達しないとみる向きが多かった。アップルは19年に自動運転技術の米ドライブ・エーアイ（Drive.ai）を買収するなど開発に取り組んできた。ただ専門家の間では、レベル4の開発で先頭を走るアルファベット傘下のウェイモ（Waymo）とは「大差がある」との指摘がある（**図1-9**）。10年以上開発するウェイモですらレベル4の本格的な量産にこぎ着けていない。アップルがいきなり追いつくのは難しそうだ。

図1-8　マックに採用するM1チップ
アップルが設計し、台湾TSMCの最先端5nmプロセスで生産する。（出所：日経クロステック）

図1-9　自動運転開発ではグーグル系ウェイモが先頭
アップルは自動運転開発に出遅れている。（出所：ウェイモ）

レベル4の自動運転車では、アップルブランドを生かしにくいとの見方もあった。レベル4の車両は当面、配車サービスなどのビー・ツー・ビー（B2B）事業に使われるからだ。アーサー・ディ・リトル・ジャパンパートナーの鈴木裕人氏は「アップルブランドはビー・ツー・シー（B2C）でこそ輝く。B2Bでは強みを生かせない」と指摘する。

鈴木氏が「アップルは技術優先の企業ではない」とみることも、レベル4の採用に否定的にみる一因だ。アップルは最先端の技術へのこだわりは薄く、既存のインフラや技術をうまく組み合わせることにたけた企業と評する。レベル4は最先端技術で、世界の誰も手中に収めていない。これまでのアップルの開発の進め方を見ると、レベル4を採用する優先順位は低いというわけだ。

アップルの秘密主義が足かせか

百家争鳴アップルカー。実現の障壁となりそうなのは、技術や生産などの課題もさることながら、アップル自身の姿勢にあるとの見方があった。その徹底した秘密主義が、自動車開発と相性が悪いというのだ。

自動車開発では、公道での実験や多くの部品メーカーとの協力が欠かせない。自動車のサプライチェーンはスマホよりも巨大で、情報統制ははるかに難しい。秘密主義を貫くのであれば、開発は遅々として進まない可能性がある。逆に言えばアップルが本気ならば、早晩、アップルカーの存在を明らかにすることになる。そのとき日本の自動車産業はどう向き合うのか。

「発想を変えよう（Think Different）」——。

創業者のスティーブ・ジョブズ（Steve Jobs）氏が1997年にアップルトップに復帰した後に打ち出した有名なメッセージである。アップルの復活劇の始まりを象徴する。ジョブズ氏の夢ともいわれ、既存の車と異なる発想で開発するだろうアップルカー。自動車メーカーは世界最強のテック企業に真っ向勝負を挑むのか、それとも違う土俵を探すのかの決断を迫られる。

1-4
ソニーが魅せた「スマホ流自動車開発」

自動車産業に参入するスマートフォンメーカーは、米アップル（Apple）だけではない。ソニーは、電気自動車（EV）「ビジョン S（VISION-S）」の公道実験に早くもこぎ着けた。スマホで培った開発手法やソフト資産を存分に生かし、センサー開発の一環にとどまらず、車両全体の統合制御にまで奮闘する。ソニーが部品メーカーの立場を超えて自動車メーカーの領域に踏み込む狙いを読み解く。

2020年12月、ソニーはオーストリアで公道実験を始めた（**図1-10**）。驚くのは、企画開始からわずか2年でたどり着いたことだ。開発を率いるソニー執行役員AIロボティクスビジネス担当の川西泉氏は「車両の構想を固めるのにかなり時間をかけた」というから、実際の開発期間はもっと短い。

自動車開発の素人集団であるソニーが、なぜこれほど速く開発を進められるのか。エンジンのないEVであることに加えて、車の付加価値がハードウエアからソフトウエアに移ってきたことがある。ソニーがスマホ開発などで培った短期間で検証や改善を繰り返す「アジャイル開発」の経験を生かせた。自動車開発で一般的な最初に仕様を固めて取りかかる「ウオーターフォール開発」に比べて、開発期間を短くしやすい。

車両のインスツルメントパネル周辺のヒューマン・マシン・インターフェース（HMI）や、第5世代移動通信（5G）といったITと親和性の高い技術領域を中心にアジャイル開発を取り入れた。スマホなどの開発資産も多く流用する。

加えて「走る・曲がる・止まる」といった車の基本機能に関わり、ソニーの知見が薄い自動運転において、川西氏は「アジャイル開発が比較的通用した」と手応えを語る。自動車開発に想定よりも「スマホ流」が通用した格好だ。

一方で駆動モーターやステアリングなど車の伝統的な制御開発には、アジャイル開発を適用しにくいことも分かった。安全に関わる部分であり試行錯誤しにくく、ウオーターフォール開発で臨む。ソニーは2つの開発手法の「いいとこ取り」(川西氏) に力を注いだ。

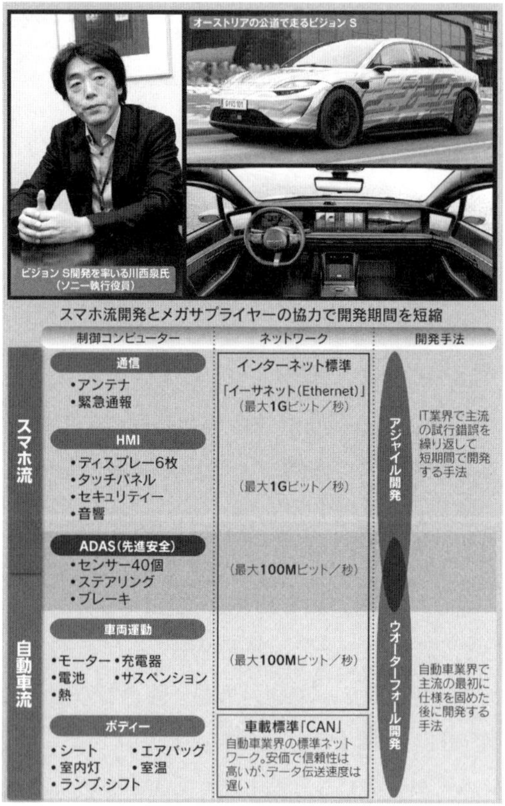

図1-10　わずか2年で公道へ

通信やHMIの制御コンピューターの開発ではソニーの過去の資産を多く活用した。一方で車両運動やボディーではメガサプライヤーの力を借りた。

(作成：日本経済新聞社)

メガサプライヤーの実力が、自動車メーカーに匹敵するほど向上していることも開発期間の短縮に貢献する。協業する独ボッシュ(Bosch) や同コンチネンタル (Continental)、同ZFなどは、車両のほとんど全体を手掛けられる実力を備える。車体開発でソニーが頼ったオーストリアのマグナ・シュタイヤー (Magna Steyr) は老舗で、長い実績がある (**図1-11**)。

もちろんEVであることも大きい。エンジン車であればメガサプライヤーの力をどれだけ借りても、短期間の開発は難しかったはずだ。エンジンは自動車メーカーの独壇場。EVだからこそ、エンジンに代わるモーターや電池をソニー

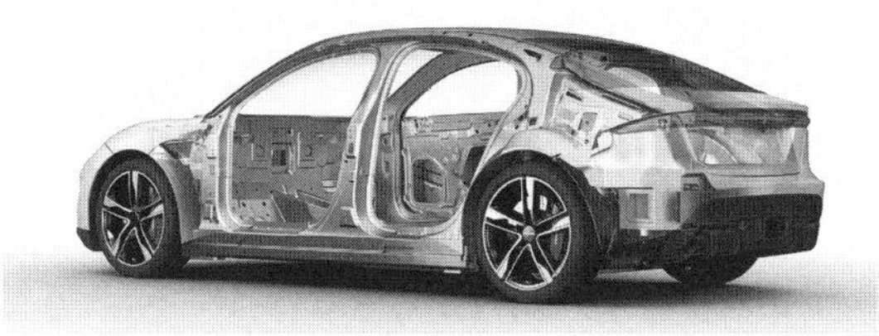

図1-11　車体開発ではマグナの力を借りた
全長4895×全高1450×全幅1900mmで、ホイールベースが3030mmと長い。独ダイムラー「Sクラス」並みの室内空間を「Eクラス」くらいの全長で実現した。EVながら最高速は240km/hに達する。（出所：ソニー）

のような新参者が簡単に調達できる。

自動運転は積極的な分業でスピード重視

ソニーカーを開発する狙いの1つは、主力事業であるイメージセンサーを進化させることである。自動運転技術は発展途上で、センサーの要求性能を自動車各社が模索中だ。ソニーは自ら車両まで手掛けることで早期にイメージセンサーの要求性能を見定め、競合他社に先駆けて量産したい。

加えてソニーは最近、赤外線レーザーセンサー（LiDAR）の開発にも着手した。自動運転センサーの事業範囲を広げようとしている。イメージセンサーとLiDARの使い分けも見極めたいはずだ。

ソニーカーでは、中核となる電子プラットフォーム（基盤）を大きく5つの領域に分けて、それぞれに制御コンピューターを搭載した。そのうち自動運転機能を搭載した先進運転支援システム（ADAS）領域では、他社の技術を積極的に活用して開発速度を重視する。センサー関連技術の強化を最優先する。ソニー自身はセンサーの「認識」技術に力を入れ、車をどう動かすかの「判断」の制御ソフトについては他社に多く任せているようだ。

具体的には、米エヌビディア（NVIDIA）のプロセッサー（SoC）と自動運転ソフト、人工知能（AI）半導体を手掛けるハンガリーのAIモーティブ（AImotive）の技術を活用する。川西氏は「自動運転技術は細分化した多くの機能の積み重ね。自分の力で全てやろうとは考えていない」と、この領域では積極的な分業が鍵を握るとみる。

ソニーカーのもう1つの狙いが、自動運転車における既存事業との親和性を確かめることである。HMI領域と通信領域が好例だ（**図1-12**）。HMI領域ではSoCにスマホで一般的な米クアルコム（Qualcomm）製「スナップドラゴン（Snapdragon）」、基本ソフト（OS）にアンドロイドを採用した。通信領域にはクアルコム製5Gチップセットを使う。ソニーのスマホ「エクスペリア」と似た構成で、既存事業との親和性はかなり高い。

HMIと通信の領域ではアジャイル開発を支えるため、データ伝送速度が最大1Gビット／秒に達する車載イーサネット（Ethernet）を採用したことも大きな特徴である[注)]。数百kビット／秒にとどまるのが一般的な車載ネットワークにおいて、異例の高速通信を実現する。データ伝送速度の制約を考慮することなく、ソフト開発に力を注げる。

ソニーは車を「インターネット端末の1つ」（川西氏）と位置付ける。イーサネットの採用は、ソニーが強いインターネットサービスと車を連携するのにも役立つ。インターネットの標準プロトコルTCP／IPを使いやすいからだ。

例えば4700万人超の有料会員を有する「プレイステーションプラス」とソニーカーをつなぎ、新しいサービスを生み出しやすくなる。実車版「グランツーリスモ」といったアイデアなど夢は広がる。自動車業界にこれほど大規模なインターネットサービスはほとんどなく、ソニーの優位性を生かせる。

インターネット端末となるソニーカーは、走る決済端末にも

図1-12　HMIはスマホ流で開発
ディスプレーを多く並べ、直感的な操作にこだわったという。例えばL字に素早く画面をスワイプすると、表示画面を隣のディスプレーに受け渡せる機能などを開発した。（出所：ソニー）

注）ADASと車両運動の領域にもイーサネットを使うが、データ伝送速度は最大100Mビット／秒に抑えている。ボディー領域には車載用途で標準のコントローラー・エリア・ネットワーク（CAN）を用いた。

なり得る。伊藤忠総研上席主任研究員の深尾三四郎氏は「フェリカ（非接触型ICカード技術）を開発したソニーの暗号技術の強みをEVに生かせる」とみる。走行距離や充電量などに応じて課金するといった新しいモビリティーサービスを実現しやすくなる。

サスペンションとモーターの統合制御

スマホ流の開発ノウハウを存分に生かすソニーカー。車体の動きを制御する伝統的な技術分野である車両運動領域においても、自社の技術を生かせるとみれば果敢に挑む。代表例が乗り心地だ。

「揺れない車、酔わない車を造りたい」――。

自動運転車で重要性が高まる性能であることに加えて、川西氏は乗り心地の制御にソニーの技術が生きると考える。いわば「ノイズキャンセルカー」だ。ノイズキャンセルはヘッドホンの内蔵マイクで周囲の騒音を測定し、騒音を打ち消すように逆位相の音を発生させる技術で、ソニーのお家芸である。乗り心地の制御も同じというわけで、道路の凸凹による振動を打ち消すようにサスペンションを制御する。

ソニーカーには、ばね定数を制御するエアサスペンションと減衰力可変ダンパーを搭載した（**図1-13**）。さらに道路の凸凹を測定するのに、ソニーのセンサー技術を活用する。もし車酔いを抑えられると、自動運転車に乗って映像を見たり作業したりできる。ソニーの映像コンテンツを存分に楽しむ環境を構築できるだろう。

サスペンションに加えて、駆動モーターや電池を含めた統合制御にも取り組む。揺れない車、

図1-13　ソニーカーのプラットフォーム
エアサスペンションと減衰力可変ダンパーを採用し、乗り心地の制御に挑む。（出所：ソニー）

酔わない車の実現には、サスペンションによる上下や左右の振動抑制に加えて、駆動モーターで前後加速度などを同時に制御する必要がある。

さらにソニーは、ボディー領域の制御まで意欲を見せる。シートや室内温度、室内灯などを制御することで、快適な車内空間を実現する。家電に強いソニーの力が生かせると考えた。

とはいえ車両運動やボディーの制御まで踏み込むのはセンサーメーカーの範ちゅうを超えており、ほとんど自動車メーカーの開発領域である。EVの量産を見据えているかに思えるが、川西氏は「EVを自ら造ることで車の構造を正しく理解したい」と車の知見を得るのがあくまで目的で、量産は考えていないと説明する。

確かに、公道実験を始めたばかりで量産可否を判断するのは時期尚早だ。加えて、主力のセンサー事業に影響する可能性にも配慮するのだろう。仮に量産するとなれば、センサー事業の顧客と競合関係になり得るからだ。

しかもEVの量産にはリスクが大きい。生産には一般に1000億円超の莫大な投資がかかる。自動車の設計や組み立てのミスは、人命に関わることも大きい。1つ間違えばソニーブランドが毀損しかねない。

ただし今後、こうしたリスクは小さくなる方向だ。生産の水平分業化が拡大する兆しがある。例えばアイフォンの製造受託を手掛ける台湾・鴻海精密工業（Hon Hai Precision Industry）がEVプラットフォームの開発に乗り出すと発表した。「アップルカー」が登場すれば、アイフォンと同じようなEVの水平分業化の流れを後押しする可能性がある。

川西氏はEVの生産委託について「簡単ではないが時間の問題であり、十分に可能」と予測する。ソニーはテレビ事業などで鴻海と取引した経験がある。川西氏はEVに関して鴻海と「話していない」というが、水平分業の選択肢があれば量産化を決断しやすい。

ブランド毀損のリスクへの対策については、21年4月からソニーグループに社名を変更し、本社機能と事業組織を分離することが役立つのではないかとの見方がある。SMBC日興証券の桂竜輔氏は「EV事業を別ブランドとすれば、それ単体で管理しやすくなる」と分析する。

例えば独フォルクスワーゲン（Volkswagen、VW）グループが、大衆車のVWブランドと高級スポーツ車のポルシェブランドなどを使い分けるイメージだ。VWブランドで大規模リコールが発生したとしても、ポルシェへの波及は最小限に抑えられる。ソニーグループになれば、こうしたマルチブランド戦略を取りやすくなるとみるわけだ。

「当初の想定から大きく外れていない」（川西氏）――。

ソニーカーの開発は、関係者の見立てよりも随分と順調に進んでいる。ソニーの技術資産が生かせる領域が多いことも分かった。25年ごろには補助金を考慮したEVとエンジン車の利益水準が同等になるとみられ、EV市場が一気に拡大するとされる。生産の水平分業化が進めば、EVの参入障壁は大きく下がる。ソニーカーでアップルカーに挑戦する土壌は整いつつある。

1-5
車づくりに忍び寄る「水平分業」の影

スマートフォンメーカーに代表される異業種の自動車分野への相次ぐ参入により、従来の産業構造が壊れ始めた。とりわけ、設計に特化し生産は手掛けないファブレス企業が台頭する可能性が出てきた。自動車メーカーを頂点とした垂直統合型の産業構造は今後、スマホ産業のような水平分業型に変容するとの見方も多い。

2020年はじめ、自動運転スタートアップであるティアフォー創業者の加藤真平氏は、台湾を訪れて鴻海精密工業（Hon Hai Precision Industry）董事長（会長）の劉揚偉氏と面会していた。「これからは電気自動車（EV）やロボットにも注力していく」。こう語る劉氏に対し、ティアフォーが普及を狙う自動運転の基本ソフトウエア（OS）「オートウエア（Autoware）」の有用性を説いていった。

オートウエアは自動運転に不可欠な「認知、判断、操作」を一括して担う頭脳ともいえるシステムだ。15年の公開から無償開放するオープンソース戦略をとっており、日本における自動運転の実証実験で多く導入されているほか、世界で採用が広がっている（**図1-14**）。18年12月には普及に向けて業界団体を立ち上げ、トヨタ自動車のグループ会社や韓国LGエレクトロニクス（LG Electronics）、英アーム（Arm）など60社弱が名前を連ねる。

台湾での両者の会談から1年余り。21年3月下旬にオートウエアの普及団体は、鴻海が主導する「MIH EV オープンプラットフォーム（MIH EV Open Platform）」と呼ばれるEVプラットフォーム「MIH」の普及団体と連携を決めた。MIHもオープン化の手法をとっており、標準化した部品やソフトなどを使って、中小や新興メーカーが比較的容易にEVへの参入を図れる利点がある。普及団体には既に米アマゾン ウェブ サービス（Amazon Web Services）や中国・寧徳時代新能源科技（CATL）、日本電産など1000社以上が参画している。

図1-14　オートウエアを搭載した実験車
（出所：ティアフォー）

両団体が連携することで、MIHを活用したEVに、オートウエアを採用した自動運転システムを載せやすくなる。自動運転とEVで存在感を高めるオープンソース陣営が手を組むことで、今まで一握りの大手の自動車メーカーやIT企業でなければ参入が難しかった自動運転EVの「敷居」が大きく下がる可能性がある。ティアフォーと鴻海は台湾の自動車メーカーと組んで21年秋には多目的スポーツ車（SUV）の自動運転EVを試作し、同国で実証実験を始める計画だ。

車開発のゴールが変わる

これまでの自動車産業は頂点にいる完成車メーカーが企画から設計、生産までを一貫して担う垂直統合モデルだった。しかし、EVや自動運転などCASE（コネクテッド、自動運転、シェアリング、電動化）の世界では、参入企業の目指すべきゴールが優れた車づくりから走行データを生かしたモビリティーサービス、エネルギーマネジメント、そして街づくりへと多様化していく。

加藤氏は「ゴールが違えばどこまで自前でやるか、企業のニーズは変わる。ピラミッド型の産業構造だけではなく、フラットな構造が併存する世界で、エコシステムの中心にいるための仕組みづくりを進めている」と語る。

ティアフォーはオートウエアの普及を進めながら、自動運転車の開発受託やサービス提供などで収益を得るビジネスモデルを狙う。鴻海も中国や米国を念頭に新興メーカーのEV受託生産の準備を進めている。

こうした「水平分業」の動きは広がりつつある。ファブレスの新興EVメーカーが相次ぎ生まれ、既存の自動車産業のプレーヤーと結びつく構図が出てきた。米高級車スタートアップ、フィスカー（Fisker）は車の開発・生産受託大手のオーストリアのマグナ・シュタイヤー（Magna Steyr）にSUVタイプのEV生産を委託する計画。中国の新興EVメーカー、上海蔚来汽車（NIO）も中堅自動車メーカーの安徽江淮汽車集団（JAC）に生産を委託している（**図1-15**）。

自動車は「走る・曲がる・止まる」という走りの安全・安心のメカニカルな基本の性能に加え、通信やIT、電動化などへの新たな対応を求められるようになった。開発領域は広がり、投資が右肩上がりで膨らむ中、どのようにして利益を稼ぐか。限られた経営資源を効率よく配分するため、強みの分野に集中し、任せる領域を選別できる水平分業の動きが広がるのは、自然な流れといえる。

自動車産業がサービスを主体としたモビリティー産業への転換期を迎える中、後発でモビリティー産業に新規参入を狙うプレーヤーは、投資回収を早めるのに他社への生産委託が手っ取り早いと考える。英IHSマークイット（IHS Markit）で自動車生産を予測する西本真敏氏は「EVプラットフォームをメーカー間で融通する動きはこれから増えてくる」と見通す。

図1-15　中国新興EVメーカーNIOはEVの生産を他社に委託（出所：NIO）

水平分業による自動車産業の構造転換を見据え、企業も動き出した。競技用の車両開発などを手掛けるタジマモーターコーポレーションだ。出光興産と組んで22年の参入を目指す超小型EVは、全長2.5m、幅1.3mの4人乗りタイプ（**図1-16**）。フル充電の航続距離を120km前後とするなど、機能を最小限に絞り込み150万円前後の低価格での販売を目指す。

図1-16　タジマモーターが出光興産と開発している超小型EV（出所：タジマモーター）

汎用部品をうまく活用し、低価格を実現する。最もコストが大きい車載電池では安全性を検証しながら、EVの使用済み電池の再利用品などの活用を検討する。生産は当面、出光の工場などを活用するが、生産規模が増えれば外部への委託も念頭に置くという。

その上でさらなる差異化要因に掲げるのが、出光が展開する全国約6400カ所の給油所をカーシェアや販売の拠点とする点だ。手厚いメンテナンスと、利便性の高い立地を生かした移動サービスの提供をアピールして販売を増やす計画だ。

「狙うのは自動車メーカーとはあまり競合しない、軽自動車未満、二輪車以上の市場」。タジマモーター会長兼社長の田嶋伸博氏はこう力を込める。公共交通機関が乏しい地方では移動手段が限られる。こうした中で自動車よりも手軽に利用できるモビリティーの需要は拡大すると読んだ。

日本電産のディスラプター宣言

タジマモーターは競技用車両の開発では知る人ぞ知る会社で、田嶋氏は「モンスター」の異名で知られる著名なレーサーだ。EVでも00年代からレース用車両の開発を進めており、17年には車輪にモーターを内蔵した「インホイールモーター」のEV開発を進めていたスタートアップ、シムドライブを吸収し、開発体制を強化してきた。レース用の開発を進めながら、超小型EVというもう1つのニッチ市場を攻める。

伝統的な自動車メーカーもCASEの進展ですべてを自前で開発する事業モデルは困難になっている。ここに目を付けたのが、住友商事だ。20年に自動車の設計開発の受託を手掛ける子会社を設立し、自動車エンジニアリング事業に参入した。21年にはインドITサービス大手のテックマヒンドラ（Tech Mahindra）と、開発受託の合弁会社を立ち上げた（**図1-17**）。

近年、自動車各社は電動化や自動運転に人員を多く配分しており、既存の内燃機関などへの開発リソースが不足するケースが出ている。そうした中、駆動系ユニットの開発受託や市場開拓支援などの依頼が舞い込む。

開発の分業は欧米の自動車メーカーでは広く浸透した手法だ。これまで日本の自動車メーカーの開発は擦り合わせ型で、外部からエンジニアの派遣を受けるなどして自社の文化で完結していた。住友商事自動車製造事業第一部長の桜木徹氏は「これからは一部を外部に委託して分業する欧州式のニーズが増えてくる」とみる。

テックマヒンドラは欧州の自動車メーカーから様々な部品の開発を受託してきた実績がある。欧州式の分業を日本で一気に展開するのはハードルが高いた

図1-17　住友商事はインドで自動車開発の受託事業
インドITサービス大手テックマヒンドラと合弁会社を立ち上げた。（出所：住友商事）

め、自動車ブレーキ大手のキリウをグループに抱えるなど、日本の自動車メーカーの流儀に精通する住友商事が間に入り、欧州式の分業モデルの段階的な浸透を日本で図る。

住友商事は、日本の自動車メーカーの開発投資は現在年間約3兆円だが、24年には5兆円に拡大すると見込む。そのうち、開発の委託型は約10%を占めるといわれるが、住友商事はこの領域で25年に100億円の売り上げ規模を目指す。

図1-18　日本電産の永守重信会長（右）と関潤社長（左）
関潤社長は日産自動車出身。（出所：日本経済新聞社）

異業種の参入や次世代技術への対応など、複数の要因が重なり、自動車の産業構造は変革期を迎えている。変革の先にある新しい市場で、いかに競争優位性を築くのか。様々なプレーヤーが入り乱れる。

EVの普及を見据える日本電産は、モーターをはじめ、電動パワーステアリングシステムやカメラモジュールなどの部品にとどまらず、そうした部品を載せるEVプラットフォームの開発に着手した（**図1-18**）。新興自動車メーカーの台頭や、自動車開発の付加価値がハードウエアからソフトウエアに移行することをにらんだ布石だ。EV時代の水平分業の一翼を担う戦略ともいえる。

「日本電産は、従来の自動車業界の枠に収まらない、ディスラプター（創造的破壊者）としてEV時代を牽引していきます」――。日本電産は自社のEVプラットフォームを紹介するウェブページでこう明記する。かつてはサプライヤーが自動車メーカーを刺激する言動を避けるのが常識だった。日本電産のディスラプター宣言は、産業構造がまさに転換期に入ったことを象徴する。

1-6
新秩序の中で 部品メーカーも戦略転換必至

ここまで見てきたような、スマートフォンメーカーの参入は、ユーザーを奪い合う格好になる自動車メーカーにとっては脅威だ。しかし、サプライヤー側から見ると、部品の供給先を増やせることから絶好のチャンスといえる。ただし、受注の取り方は変わりそうだ。アップルカーに代表される次世代車両が求める「価値」を提供できるか――。部品メーカーにも、戦略転換が求められる。

「独ダイムラー（Daimler）とレベニューシェア（収益分配）の契約を結んだ。この契約が自動車業界に変革をもたらす」。米エヌビディア（NVIDIA）で自動車部門を率いるシニアディレクターのダニー・シャピーロ（Danny Shapiro）氏は、従来の部品メーカーの枠を超えた取り組みを始めたことを明かす。

ダイムラーとエヌビディアは2020年6月、自動運転用の車載コンピューターやソフトウエア基盤の領域で協業すると発表した。無線通信でソフトを更新するオーバー・ジ・エア（OTA）によって自動運転などの機能を常に最新の状態にするプラットフォームの構築を目指すとしており、今回両社が交わした契約内容の一部が分かった（**図1-19**）。

クルマの利用者が自動運転ソフトなどを購入・更新した際に得られる収益を、両社で分け合うことを決めたのだ。シャピーロ氏は「他の自動車メーカーとも同様の合意がなされるだろう」と自信をのぞかせる。

半導体メーカーのエヌビディアがクルマの販売後にも収益を得るという革新的な契約を勝ち取ったのは、自動車業界の変化の象徴だ。ハードウエアを売っ

図1-19　ダイムラーとエヌビディアが共同でプラットフォーム開発
エヌビディアは車載半導体から開発環境、クラウド基盤までを幅広く提供する。その見返りとして、自動運転ソフトなどOTAサービスで獲得できた収益の一部を得る契約とした。（出所：ダイムラー）

て終わりというサプライヤーの常識が、大きく覆ろうとしている。

下請けかパートナーかの分岐点に

米アップル（Apple）を筆頭に、ソニーや中国のIT大手など様々な企業が自動車業界の「外」から新規参入をもくろむ。迎え撃つ既存の自動車メーカーも必死に、どこで個性を発揮できるか日々頭を悩ませる。

新規参入組の次世代車両は、OTAのソフト更新で機能を次々に追加していく電気自動車（EV）になると予測する声が多い。スマートフォンのアプリを追加していく使い方に近いことから「スマホカー」、あるいは「車輪が付いたデータセンター」（エヌビディアのシャピーロ氏）などと表現される。

クルマの価値や構成する主要技術が変われば、部品を供給するサプライヤーの勢力図も変わる（**図1-20**）。アップルカーの登場が控える今は、新たな顧客を獲得するまたとないチャンスなのだ。

独ローランド・ベルガー（Roland Berger）の前グローバル共同代表で、現在は様々な新規事業を手掛けるきづきアーキテクト代表取締役の長島聡氏は「自

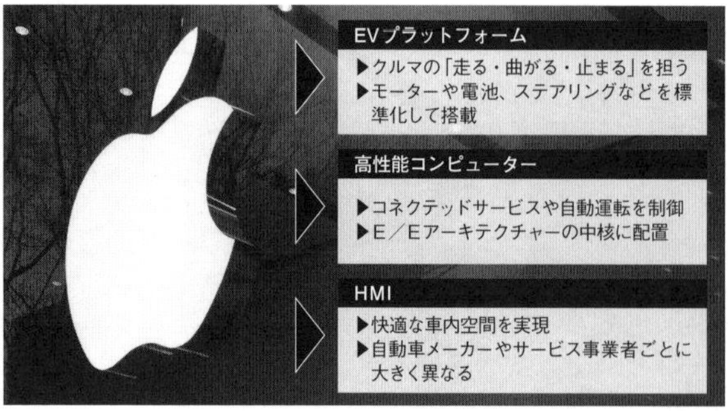

図1-20　次世代車両を構成する3つの主要部品
EVプラットフォームと高性能コンピューターはコモディティー化が進行する。自動車メーカーは、ヒューマン・マシン・インターフェース（HMI）の領域で差異化を図る。（写真：日経Automotive）

動車メーカーの下請けのままかパートナーになれるか、今が分岐点」と読む。重要なのは部品メーカーの姿勢で、「『当社ならこんなアップルカーを実現できる』と前のめりにアピールして相手に面白いと思わせてしまえばパートナーの道が開ける」（同氏）と背中を押す。

では、部品メーカーはどのようにしてアップルカーをはじめとする次世代車両への部品供給を勝ち取ろうとしているのか。水平分業が進み「ケイレツ」の威力を発揮できない状況では、自動車メーカーとの「擦り合わせ」で受注を獲得してきた従来のやり方は通用しない。アップルカー時代の新しい受注の流儀として、3つのやり方が浮かび上がってきた。

3つの新流儀で攻める

新しいサプライチェーンに向けた部品メーカー各社の戦略は、(1) いち早く相手企業の懐に入り込む、(2) ハードを丸ごと請け負う、(3) ソフトの進化を支える――に大別できそうだ。

常に業界を引っ張る企業の懐に入り込む部品メーカーの代表格が村田製作所だ。携帯電話市場では覇権がフィンランド・ノキア（Nokia）からアップルへと移った変化に柔軟に対応し、積層セラミックコンデンサーや放射電磁雑音（EMI）除去フィルターなどで高い世界シェアを維持し続けている。

村田製作所専務執行役員の岩坪浩氏は、勝ち馬に乗り続ける秘訣として「勝者は必ず変わる。一点賭けしないのが基本姿勢だ」と語る。その上で、「どのセットメーカーとも誠実に付き合い、要望があれば技術者を派遣するなどして関係を強化する」(同氏)。

簡単なように思えるが、これが意外と難しい。ノキアを信じ続け、アップルなど新興のスマホ勢を冷たくあしらった部品メーカーは少なくない。村田製作所は相手企業との関係をいち早く構築し、製品の初期段階から部品を供給できるように努めているという。

もちろん、1度受注した後も気は抜けない。アップルなどスマホメーカーは部品をより安価なものに変更する「置き換え作業」を定期的に実施する。置き換え作業でも生き残る策は「絶対に置き換えできない部品を供給すること」(同氏)。もう1つ重要なのが供給安定性で、生産能力の拡充やリスク管理を徹底することがセットメーカーの信頼につながる。

部品の置き換え作業は、次世代車両でも頻繁に起こるだろう。PwCコンサルティングでパートナーの川原英司氏は「ソフト起点の産業構造の変化が自動車業界でも起こり始めている」と指摘する(**図1-21**)。携帯電話機や建設機器、FA機器、ロボットなど多くの製造業が通った道だ。

産業構造が変化する過程で起こる「オープン化」によって、「開発の川上か

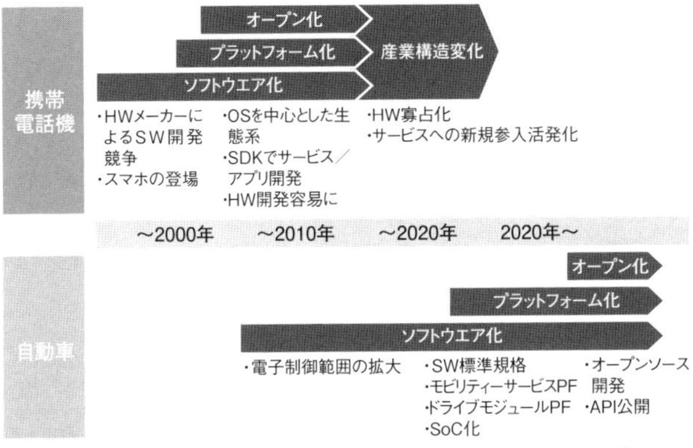

HW:ハードウエア、SW:ソフトウエア、PF:プラットフォーム、SoC:プロセッサー(システム・オン・チップ)

図1-21　自動車産業にも構造変化の波

携帯電話機はスマートフォンへと置き換わり、競争軸はハードからサービスに移行した。自動車業界も、多くの新規事業者が参入して競争が激化するタイミングに差しかかりつつある。(PwCコンサルティングの資料を基に日経Automotiveが作成)

ら川下まで仕様が広く公開されるようになると、新規参入が容易になって競争が激化する」（同氏）。つまり、置き換え作業のライバルが増える。多くの民生系の部品メーカーが車載市場に進出してくるだろう。

独ボッシュ（Bosch）日本法人社長のクラウス・メーダー（Klaus Meder）氏は、「ソフトの役割が大きくなることによってハードはコモディティー（汎用品）化が進み、差異化が難しくなる」と述べる。それでも、「駆動系や操舵系、制動系など多くの部品やシステムを信頼性高く連携させるのは容易ではない」（同氏）とシステム化では自信をのぞかせる。

ハード丸ごと狙うボッシュと日本電産

ボッシュが強気の姿勢を崩さないのは、新たな商機を見いだしているからだ。アップルなど新規参入組の多くは、走行性能よりもサービスや車内空間での体験などを重視する。この傾向が、受注の新流儀の2つ目の「ハードを丸ごと請け負う」につながる。

ハード丸ごと供給の代表例が、クルマの基本性能「走る・曲がる・止まる」を担うEVプラットフォームである（**図1-22**）。駆動用モーターとインバーター、減速機などを一体化した「イーアクスル（e-Axle）」と、床下に並べたリチウムイオン電池、ステアリング、ブレーキなどで構成する。

図1-22　ボッシュが開発したEVプラットフォーム
アンダーボディー やサスペンションなど機械部品はベントラー・オートモーティブと協業して開発した。自動車メーカーへの販売を想定し、ボッシュ自身は「自動車メーカーにはならない」（同社日本法人社長のメーダー氏）と強調する。（出所：ボッシュ）

ボッシュは「ローリングシャシー（Rolling Chassis）」と呼ぶEVプラットフォームを開発した。「部品やサービスを提供する新しいチャンス」（メーダー氏）とし、ターンキー型のプラットフォームを用意した。アンダーボディーやサスペンションなど、足りない機械部品は独ベントラー・オートモーティブ（BENTELER Automotive）と協業することで確保した。

ボッシュと同じくドイツのメガサプライヤーであるZFも、EV向け部品の拡販を狙う。ゼット・エフ・ジャパン社長の多田直純氏は「EVプラットフォームまで手掛けるかは決まっていない」と前置きしつつ、「ワンストップで部品を世界各地に供給できるのは価値になる」（同氏）と読む。機械部品を得意とするZFは、シャシー系部品の情報を集約して中央制御する「キュービックス（cubiX）」を開発するなど、ソフト面の強化を加速させている。

EV向け駆動用モーターで攻勢をかける日本電産も、25年ごろまでにEVプラットフォームを用意する計画だ。同社会長兼最高経営責任者（CEO）の永守重信氏は「ハード部分は専門メーカーに任せる流れがあり、我々がシェアを取る時代が来ている」と意気込む。

主要部品を内製化することで「生産能力とコストで世界で圧勝する」（同氏）戦略である。21年2月には歯車（ギア）を造る工作機械を開発する三菱重工工作機械の買収を発表するなど、EVプラットフォーム供給に向けて足りないピースを着々と集める。

クルマの価値がハードからソフトに移ることを考えると、EVプラットフォームの種類が集約の方向に向かうのは間違いない。多くの車種が1つのプラットフォームを共用することになるため、受注を獲得できれば一気に業績を伸ばせるが、失注すれば苦境に陥るというギャンブルの要素が強くなる。

「中韓勢との『殴り合い』は避けられない」——。車載向けリチウムイオン電池を手掛けるエンビジョンAESCグループCEOの松本昌一氏は覚悟を決めた。中国や韓国などの電池メーカーと同じ土俵で勝負するため、21年から中国で順次量産を開始した第5世代電池のセル形状を変更した。

電池セルを、欧州や中国の自動車メーカーが採用するドイツ自動車工業会（VDA）規格の標準形状にし、「自動車メーカーによる複数社購買の2社目、3社目でもいいから入り込む」（同氏）。これまでは独自のセル形状にこだわったため、顧客を広げられなかった。セル形状の変更と同時に低コスト化に向くリン酸鉄系のリチウムイオン電池を新たに用意した。

HMIもハード丸ごと調達に

EVプラットフォームと並んで、新規参入組がハードを丸ごと調達したい領域が車内空間のヒューマン・マシン・インターフェース（HMI）である（**図1-23**）。車内デザインや独自の移動体験などで差異化したい企業にとっては生命線となる領域だ。

きづきアーキテクトの長島氏は「アップルカーは人の五感に訴えるような仕掛けをしてくるのでは」と予測する。ディスプレーやスピーカー、各種センサーなど、多くの部品をシームレスに組み合わせて新しいHMIを提供するには多くの技術やノウハウが要る。

ドイツや日本、米国など多くの高級車メーカーと1次部品メーカー（ティア1）の立場でHMI開発をしてきたアルプスアルパイン社長の栗山年弘氏は、「HMIはコモディティー化しない。現状でも自動車メーカーごとに全部違うが、個性

図1-23　アルプスアルパインが開発する統合コックピットのイメージ
スイッチ類やタッチセンサー、音響システムといった自社の強みと、提携した日本精機のヘッド・アップ・ディスプレー（HUD）やメーターなどの部品を組み合わせる。
（出所：アルプスアルパイン）

が出てくる領域だ」と見通す。世界の高級車メーカーとティア1として長く付き合い、ブランドごとにHMIを造り分けてきた実績が強みになるという。

ティア1としての提案力を高めるため、アルプスアルパインは車載メーター大手の日本精機と資本業務提携するなど他社との連携を加速させる。技術を持ち寄って「統合コックピット」の開発を進めるためだ。

OTAへの姿勢が自動車メーカーを左右

受注の新流儀、3点目の「ソフトの進化を支える」で先行するのが、冒頭で紹介したエヌビディアである。ソフト重視の開発を進めるダイムラーなどの自動車メーカーを支援する開発環境を用意。半導体だけではなく、自動運転用の人工知能（AI）を学習させるデータセンターやアルゴリズムの性能を検証するシミュレーション環境など守備範囲は広い。

ルネサス エレクトロニクスも考え方は近い。同社社長兼CEOの柴田英利氏は「半導体の製造業から人間の人生を楽にするテクノロジーカンパニーになりたい」と語る。ルネサスの製品は「性能は良いが使いにくい」と言われることが多かった。今後、シミュレーターやコンパイラーなどのソフト群を拡充し、「半導体の種類を気にすることなく、（自動車メーカーなどが）ソフト開発に集中できる環境を整える」（同氏）方針だ。

自動車メーカーがどの程度ソフトを重視しているかが分かるポイントがある。それが、コネクテッドサービスや自動運転の司令塔となる高性能コンピューターを中核に据える電気／電子（E／E）アーキテクチャーだ。

自動車業界の変化を語ると、アップルをはじめとする新興勢と既存の自動車メーカーの対立軸になりがちだが、その比較は必ずしも正しくない。今後の成長を見極める上でボッシュやエヌビディアなどの欧米部品メーカーが重視しているのが、中央集中型のE／Eアーキテクチャーを志向しているかどうかである。

OTAで難しいのは、不具合を起こさないようにすること。無線でソフトを不具合なく更新するためには、多くの電子制御ユニット（ECU）間の互換性を含めてシステム全体の動作を検証する必要がある。このため、車種によっては100個を超えるECUが複雑に絡み合う従来の分散型アーキテクチャーはOTAに向かない。

高性能コンピューターを司令塔とする中央集中型はECUの数を減らせ、確認の手間は少なくて済む。いち早く中央集中型のE／Eアーキテクチャーを採用した米テスラ（Tesla）が、OTAによって新機能を次々に提供できているのが何よりの証拠だ。エヌビディアのシャピーロ氏は「OTAを重視する姿勢の違いが、自動車メーカーの競争力の差になる」と読む。開発パートナーのダイムラーは、OTAを前提とした新しいE／Eアーキテクチャーを搭載した車両を24年から量産する計画である。

残存者利益を狙うのも生きる道

自動車業界での成長を目指して動き出した部品メーカー各社。がらりと部品構成が変わる次世代車両への対応を急ぐ以外に、もう1つ生き残る道がある。それが、エンジン車市場の残存者利益を狙うという選択だ。

エンジン部品大手リケン社長兼最高執行責任者（COO）の前川泰則氏は「エンジン車のピークは2030年前後」と予測する。当然、ピークを過ぎてもエンジン車がすぐになくなるわけではない。同社は「2025年ごろまでは開発や生産拡大に向けて積極投資を仕掛ける」（同氏）。その後の5年間で合理化や省力化への投資を進め、筋肉質な体制を目指す。

他のエンジン部品メーカー幹部も「これからの3～5年間の開発が重要。ここで開発した部品を、その後10～20年使い続けていくことになる」と気を引き締める。PwCコンサルティングの川原氏は「残存者利益を狙うための業界再編は加速するだろう」と予測する。規模を確保するのが重要だからだ。

アップルカーの輪郭が少しずつ浮き上がってくる中で、部品メーカーは攻めどころを定める局面を迎えている。アップルカー特需をつかむのは誰か――。

第2章

自動車産業に参入する新たなプレーヤーたち

2-1

先頭走るテスラは通期黒字化を達成、同じEV市場で中国勢が急成長

新興勢力が自動車産業に続々参入している。電気自動車（EV）分野で先陣を切ったのは、米テスラ（Tesla）だ。2020年には、上場以来初めて通期ベースで黒字に。同年のEV年間販売台数も過去最高を更新した。同じEV分野で存在感を示すのが中国勢。インターネットサービス大手の騰訊控股（テンセント）と吉利汽車集団が運転席や自動運転技術の開発で提携、電子商取引大手の阿里巴巴集団（アリババグループ）が上海汽車集団と合弁会社を設立するなど、開発競争は激化の様相を呈している。

米国の電気自動車（EV）大手、テスラ（Tesla）が好調だ。米アップル（Apple）による「アップルカー」登場の可能性が報じられる中、米中でEVに関連する動きが活発になっている。

テスラは2021年1月27日、同社のEV販売が今後数年間、平均50％の伸びで推移するとの見通しを明らかにした。同日発表した20年10～12月期の決算は、売上高が前年同期比46％増の107億4400万米ドル、純利益は同2.6倍の2億7000万米ドルで、6四半期連続の黒字を達成した。そして、20年通期の純損益は7億2100万米ドルの黒字と、上場以来初めて通期ベースで黒字となった。

20年のEV年間販売台数は49万9000台を超えた〔**図2-1**、独スタティスタ（Statista）の資料より〕。年初に目標としていた「50万台超」を若干下回ったものの、前年比36％増を達成。過去最高を更新した。

テスラの快進撃の背景には、中国での生産能力の拡大や、コロナ禍でもいち早く経済を回復させた同国での需要急増があるようだ。米ウォール・ストリー

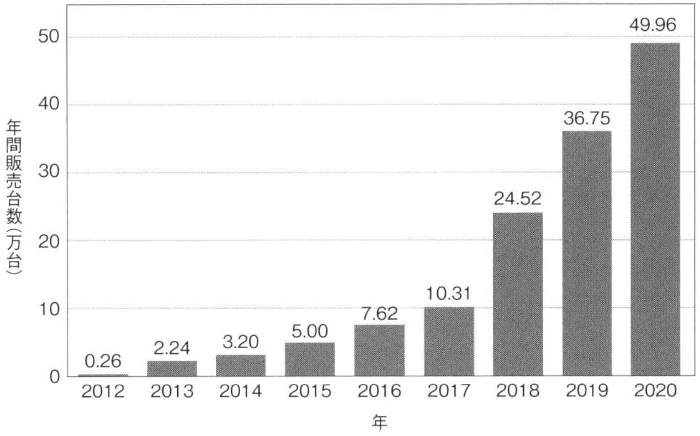

図2-1　テスラのEV年間販売台数の推移（速報値）
20年のEV年間販売台数は49万9000台を超えた。（独スタティスタの資料を基に本書作成）

ト・ジャーナル（WSJ）が引用した全国乗用車市場信息聯席会（CPCA）の統計によると、テスラは20年に中国で13万8000台超を販売した。同国で20年に販売されたEVは111万台だから、テスラは約12.5%を占めた格好だ。

テスラが中国・上海で工場の建設に着工したのは19年1月。同工場で生産した主力小型セダン「モデル3」の一般向け納車を始めたのは20年1月だった。その後、モデル3の生産能力を増強するとともに、小型SUV（多目的スポーツ車）「モデルY」の生産ラインを構築した。

WSJによると、テスラは21年1月18日に中国製のモデルYの納車を開始した。モデルYは同国生産のテスラ車として、モデル3に次ぎ2車種目となる。今後はモデルYも加わり、中国市場は22年までにテスラ車世界販売台数の4割超を占めるまでになると、米国の証券会社、ウェドブッシュ証券（Wedbush Securities）のアナリストは予測している。

中国事業を拡大、上海で年間生産50万台目指す

上海工場は、テスラが米国外に初めて設けた「ギガファクトリー」だ。ロイター通信によると、テスラは20年10月には同工場で生産したモデル3をドイツやフランス、イタリア、スイスなど欧州10カ国以上に輸出すると明らかにした。

同工場の年間生産台数は20年10月末時点で25万台だが、最終的には50万台を生産する計画だという。

テスラの中国事業を巡っては、EV用充電器の生産を始めるとも伝えられている。中国向け充電器は現在、米国から輸入している。上海のギガファクトリー近くに640万ドル（約7億円）を投じ、年間生産能力1万台の充電器工場を建設する計画で、21年1～3月期の完成を見込んでいるという。

こうした中、21年1月8日にはテスラの株価が前日比7%高となり、時価総額が8200億米ドルに達した。これは、米フェイスブック（Facebook）を上回る規模で、米アップル、米マイクロソフト（Microsoft)、米アマゾン・ドット・コム（Amazon.com)、米アルファベット（Alphabet）に次ぎ米国企業で第5位となる。

テスラ株はこの1年で急上昇した。まず、20年1月に米国の自動車メーカーでは初めて時価総額が1000億米ドルの大台を超え、20年7月にはトヨタ自動車を抜いて自動車メーカーで世界首位となった。

さらに20年11月、時価総額は5000億米ドルの大台を突破し、その翌月にはテスラ株はS&P500種株価指数に組み入れられた。米国のメディアは21年1月8日、同社最高経営責任者（CEO）のイーロン・マスク（Elon Musk）氏の純資産が約1950億米ドルとなり、アマゾン・ドット・コムのCEOであるジェフ・ベゾス（Jeff Bezos）氏を抜いて世界一の富豪になったと報じた。

テスラは今回の決算発表で、21年のEV販売台数の伸び率は50%を上回るとの見通しを示している。現在、米テキサス州オースティンとドイツのベルリン郊外で建設中の2つのEV工場が年内に操業を開始するからだという。高級セダン「モデルS」と高級SUV「モデルX」の新型車生産が初期段階に入ったほか、大型EVトラック「セミ」の納車も年内に始まり、完全自動運転向けの車載システム（FSD）にも大きな技術的進歩がみられたと報告している。

アップルブランドのEVで韓国・起亜と提携か

アップルも、自動運転技術搭載のEVを開発していると伝えられている。米国メディアのCNBCは20年2月3日、アップルが進めるEV生産計画について、韓国・現代自動車の系列自動車メーカーである韓国・起亜自動車に生産委託する交渉がまとまりつつあると伝えた。これに先立つ1月上旬には、現地メディアが、アップルと現代自動車がEVやEV向けバッテリーに関して協議していると報じた。

さらにロイター通信は20年12月、アップルが自動運転技術の開発を進めており、24年までの乗用車生産開始を目指していると伝えている。アップルが開発戦略の中心と位置付けているのは、次世代EV用バッテリー技術だ。価格を大幅に抑えながら、1回の充電で走れる航続距離を延ばそうとしているという。

自動運転車を開発している企業には、米グーグル系の米ウェイモ（Waymo）があるが、同社は「ロボットタクシー」とも呼ばれる配車サービス用車両を手がけている。これに対してアップルは、一般消費者向けにアップルブランドの乗用車を開発中だと関係者は話している。

このほか、中国インターネットサービス大手の騰訊控股（テンセント）と吉利汽車集団がインテリジェント・コックピット（運転席）や自動運転技術の開発で提携したと報じられた。中国の電子商取引大手、阿里巴巴集団（アリババグループ）は、国有自動車大手の上海汽車集団と合弁会社を設立している。中国の配車アプリ最大手である滴滴出行（ディディ）は、EV大手の比亜迪（BYD）と提携し、配車用の車両を開発している。

20年1月4日には、アップルのスマートフォン「アイフォン」の製造を請け負う台湾の鴻海精密工業（Hon Hai Precision Industry）が中国新興EVメーカーの拝騰（バイトン）と提携すると、ロイター通信やCNBCなどが報じた。この2社と南京経済技術開発区は、SUVタイプのEVの生産を22年1～3月に開始することで合意したという。

EVは長年培われた内燃機関の技術が不要になり、自動車生産の垣根が低くなったといわれている。その一方、センサーやソフトウエア、通信技術が、EVと相性の良い自動運転技術で重要になっている。とりわけエッジコンピューティングと呼ばれる、利用者により近い場所にあるコンピューターやストレージにおいて低遅延でデータ処理ができる技術に注目が集まっている。テスラがEV市場で成功を収めて以来、テクノロジー大手の参入が相次いでおり、こうした技術の開発競争が激化している。

中国・百度が吉利とEVで戦略提携

CNBCによると、中国のEVメーカーが急成長している。20年の上海蔚来汽車（NIO）の販売台数は4万3728台で、前年比2倍以上。広州小鵬汽車科技（小鵬汽車）は2万7041台で、同じく2倍以上だった。19年12月に自社初の量産EVを発売した理想汽車は3万2624台を販売。同社の20年12月の販売台数は6126台で、単月では過去最高を更新した。

こうした中、テクノロジー大手と自動車大手が手を組み、自動運転技術搭載のEVを開発する動きが広がっている。ロイター通信やCNBCは21年1月10日、中国ネット検索大手の百度（バイドゥ）が中国民営自動車大手の浙江吉利控股集団と提携し、EV製造会社を設立すると報じた。

百度が開発中の自動運転技術と、吉利の自動車製造技術を持ち寄るという。新会社には百度が過半を出資し、吉利は戦略投資企業になると報じている。吉利は百度ブランドのEVの製造を担当する。一方、百度はソフトウエアなどの技術開発に注力する。報道によると、百度は自動運転ソフトウエア搭載の車両を使って北京で「アポロ・ゴー・ロボタクシー（Apollo Go Robotaxi)」と呼ぶタクシーサービスの公道走行試験を行っている。同社は「ドゥアー・オーエス(DuerOS)」と呼ぶ、人工知能（AI）アシスタントや地図アプリも開発しており、これらが百度のEVにも搭載されるという。

百度は2017年に自動運転技術開発部門「アポロ（Apollo)」を立ち上げており、吉利やトヨタ自動車、独フォルクスワーゲン（Volkswagen、VW)、米フォード・モーター（Ford Motor）などと協力関係にある。

2-2
自動運転分野でしのぎを削る米国勢、その実力は

自動運転分野では、米国のベンチャー企業が躍進を続ける。筆頭が、グーグル（Google）の親会社であるアルファベット（Alphabet）が設立した、自動運転専業の子会社、ウェイモ（Waymo）だ。人の介入なしの自動運転継続平均距離は今や、ロサンゼルス-ニューヨーク間を5往復できるほど。米カリフォルニア州車両管理局（DMV）が2021年2月に発行した、20年度に同州で公道試験を実施した自動運転車の結果報告書を基に、ウェイモやクルーズ（Cruise）、ニューロ（Nuro）など米国勢の実力を検証する。

シリコンバレーを舞台に、自動運転の開発競争が激しさを増している。それに伴い、各社の技術力も向上。その実態が、2021年2月に公表された米カリフォルニア州車両管理局（DMV）の公道試験の結果報告書（以下、20年度の報告書）で浮き彫りになった（**表2-1**）。人の介入なしに自動運転機能で走り続けられる距離は、多くの企業で前回の結果を超えた。中には、事故なしでロサンゼルスからニューヨークまでを、およそ5回往復できる距離に達する企業も出てきた。

DMVの報告書はカリフォルニア州で自動運転の公道実験を実施する企業に義務付けた結果報告をまとめたもの。毎年2月ごろに発表され、その2年前の12月から前年の11月までの各社の試験結果が掲載される。21年2月発表の20年度の報告書では、19年12月から20年11月までの結果が対象だった。

20年度に抜群の好成績を残したのが、米ウェイモ（Waymo）と米ゼネラルモーターズ（General Motors、GM）子会社の米クルーズ（Cruise）である。

表2-1　21年2月にカリフォルニア州DMVが発表した、20年度（報告期間：19年12月～20年11月）に各社が実施した公道試験の結果

（DMVのデータを基に日経クロステック作成）

社名・団体名・組織名（数字は順位）	自動運転継続平均距離（km）*1			総走行距離（km）			走行させた車両数（台）	
	2020年度	2019年度	伸び率（倍）	2020年度	2019年度	伸び率（倍）	2020年度（登録数）	2019年度
1 ウェイモ	48200	21300	2.27	1012000	2340000	0.43	145 (239)	110
2 クルーズ	45900	19700	2.33	1239000	1337000	0.93	137	226
3 オートX	32800	17200	1.91	65550	51590	1.27	6 (8)	7
4 ポニー・エーアイ	17300	10400	1.66	362900	281400	1.29	24 (29)	22
5 アルゴAI*2	15300	離脱なし	—	30640	3220	9.5	5 (14)	5
6 ウィーライド・エーアイ	10500	244	42.9	20940	9520	2.2	7 (9)	7
7 ディディ*3	8370	2360	3.55	16740	18880	0.89	12	12
8 ニューロ	8100	3250	2.49	89110	110700	0.81	20	33
9 ディープルート・エーアイ*2	4880	離脱なし	—	14640	1490	9.85	2	1
10 ズークス	2620	2570	1.02	165000	107800	1.53	45	32
11 キュークラフト*2	698	813	0.86	4880	7320	0.67	1	1
12 オーロラ・イノベーション	531	153	3.46	19640	21610	0.91	12	6
13 リフト	428	41.4	10.3	52680	69090	0.76	19	19
14 ガティック	344	190	1.82	3790	3790	1	1 (3)	1
15 アップル	233	190	1.23	30260	12140	2.49	29 (69)	23
16 北米日産	159	78	2.04	635	3670	0.17	2 (4)	4
17 北米BMW	65.4	4.3	15.2	196	34.4	5.71	1 (5)	2
18 AIモーティブ	42.5	375	0.11	4810	9750	0.49	3	3
19 メルセデス・ベンツ北米R＆D	41.3	11.2	3.71	48250	22910	2.11	10	15
20 エヌビディア	39	17.7	2.2	4880	11620	0.42	7	10
21 クアルコム・テクノロジーズ	30.9	94.1	0.33	2780	3480	0.8	3	3
22 セレス（旧SFモーターズ）	23.1	40.2	0.57	1410	5620	0.25	2	2
23 イージーマイル	5.33	実績なし	—	682	実績なし	—	1	実績なし
24 トヨタ・リサーチ・インスティテュート	3.81	0.99	3.84	4630	2920	1.58	7	6
25 アトラス・ロボティクス*2	3.54	8.08	0.44	3.54	72.7	0.05	1	1
26 テレナブ	3.22	11.8	0.27	6.44	35.4	0.18	1	1
27 ユーデルブ	2.17	2.56	0.85	106	1140	0.09	1 (2)	1
28 ライドセル	1.26	2.32	0.54	238	13.9	17.1	1	1
29 北米ヴァレオ	0.8	1.74	0.46	78.9	160	0.49	1 (2)	1

*1 自動運転継続平均距離は単位をマイルからkmに変換後、上から4桁目を四捨五入した値で、伸び率は小数点第3位を四捨五入した値。総走行距離は単位をマイルからkmに変換後、1万km以上では上から5桁目を、1万km未満では上から4桁目を四捨五入した値で、伸び率は小数点第3位を四捨五入した値である。

*2 DMVの報告書にあった2019年度の成果は、20年1月から11月までのデータで、19年12月に関して記載がなかった。

*3 DMVの報告書では、「DiDi Research America」となっていた。

注 1）報告書の中で、各社の自動車技術を推定する指標の 1 つが、「離脱（Disengagement）」せずに自動運転機能だけで走行できた平均距離である。本記事では、「自動運転継続平均距離」とする。離脱とは、自動運転車の運転席にいるテストドライバーの判断で自動運転機能をオフにしたり、同機能が判断に迷ってテストドライバーに運転を引き継がせたりすることを指す。自動運転継続平均距離は、過去 1 年間で各試験車両が離脱した回数の合計を、自動運転による走行距離の合計（総走行距離）で割った値である。

両社は以前から首位争いをしてきたライバル。いずれも19年度に比べて自動運転継続平均距離を2倍以上に延ばし、4万5000kmを超えた[注1)]。このうち、ウェイモがわずかに上回り、同距離は約4万8200kmだった。この距離が米国大陸を横断して、ロサンゼルスとニューヨーク間をおよそ5往復できる距離に相当する。

クルーズがウェイモを抜く

2位のクルーズはウェイモに肉薄しているものの、一歩及ばずだった。だが、総走行距離では初めてウェイモを抜いた。クルーズの約124万kmに対して、ウェイモは約101万kmだった。両社ともコロナ禍の影響で総走行距離が19年度に比べて短くなったものの、クルーズの減少幅は小さく、ウェイモを上回った。

実際に公道を走らせた試験車両の台数に関しては、19年度に226台だったクルーズは20年度に137台と約4割減少。対してウェイモは145台と19年度の110台から増やして、クルーズを抜いた。公道を走行させた試験車両数が100台を超えたのは両社のみである。

このように、ウェイモとクルーズは自動運転継続平均距離と総走行距離、走行させた車両数のそれぞれで、甲乙つけ難い好成果を出した。そんな両社の自動運転車は、どのような理由でテストドライバーが介入し、「離脱」となったのか。DMVの報告書には、短いながらも離脱理由が書かれており、その原因をある程度推察できる。

例えばウェイモの場合、離脱回数は全部で21回である。このうち、「自動運転システムによる対象物の認識ミス」と、「想定外の状況下での同システムの不要な操縦」を理由にテストドライバーが介入した回数が多く、いずれも8回だった。

クルーズの場合は、離脱回数は全部で27回。このうち最も多かったのが、「他の道路利用者（other road user）の悪質な行動」を原因とするテストドライバーの介入で、計17回となる。次いで、「第三者（third party）による車線への侵入・妨害」を原因とする介入が多く、計5回だった。ただし、「他の道路利用者」や「第三者」の定義が不明で、他人が運転する車両や自転車、歩行者のいずれか、あるいはすべてを指すとみられる。共通しているのは、自動車や自転車、歩行者といった何らかの意図を持って行動している第三者の振る舞いが原因で、テストドライバーが介入している点だ。これは、クルーズがサンフランシスコという、道が比較的狭く、人通りが多い街中で公道試験を実施しているためだと推察できる。つまり通常の走行においては、ほぼ問題は発生せず、急な飛び出しや車線変更など、人間のドライバーでもヒヤリとする場面への対処が問題になるということだろう。

こうした好成績を見せる「米トップ2」に迫るのが、中国系企業である。自動運転継続平均距離で上位10社のうち、半数の5社が中国系企業だった。3位のオートX（AutoX Technologies）と4位の小馬智行（ポニー・エーアイ）、6位の文遠知行（ウィーライド・エーアイ）、そして7位の配車サービス大手の滴滴出行（ディディ）、9位の元戎啓行（ディープルート・エーアイ）である。20年度は、19年度の報告書で1位だった百度（バイドゥ）の名は消えたが、自動運転分野における中国系の層の厚さがうかがえる。

ふがいない大手自動車メーカー

自動運転継続平均距離で上位を占めるのは、GM傘下のクルーズや米フォード・モーター（Ford Motor）傘下の米アルゴAI（Argo AI）を除き、新興企業が中心で大手自動車メーカーの存在感は薄い。同メーカーの中で自動運転継続平均距離が最も長いのは日産自動車（Nissan North America）で、約160kmとウェイモの300分の1ほどにすぎない。トヨタ自動車の傘下にある米トヨタ・リサーチ・インスティテュート（Toyota Research Institute）に至ってはわずか4km弱だ。

この惨状の背景には、大きく2つの理由があると推察できる。1つは、大手自動車メーカーは目下、レベル2〜3の自動運転機能を搭載した自動車の開発に力を入れていることである。例えば、米国の場合、目的地までの移動のうち、大半を高速道路の移動が占める。レベル2〜3であれば、高速道路での運転を自動車側にある程度任せられる。それだけで運転手の負担軽減につながるので、自動車としての商品価値が上がる[注2)]。

もう1つの理由は、レベル4以上の自動運転に関しては、出資した新興企業の技術を取り込めばよい、と考えている節があることだ（**図2-2**）。例えばトヨタ自動車であれば、ポニー・エーアイやディディに出資。さらに、デンソーと

図2-2　自動車メーカーとIT企業が自動運転ベンチャーを巡り争奪戦

2021年4月1日時点の状況。（公開情報などを基に日経クロステックが作成）

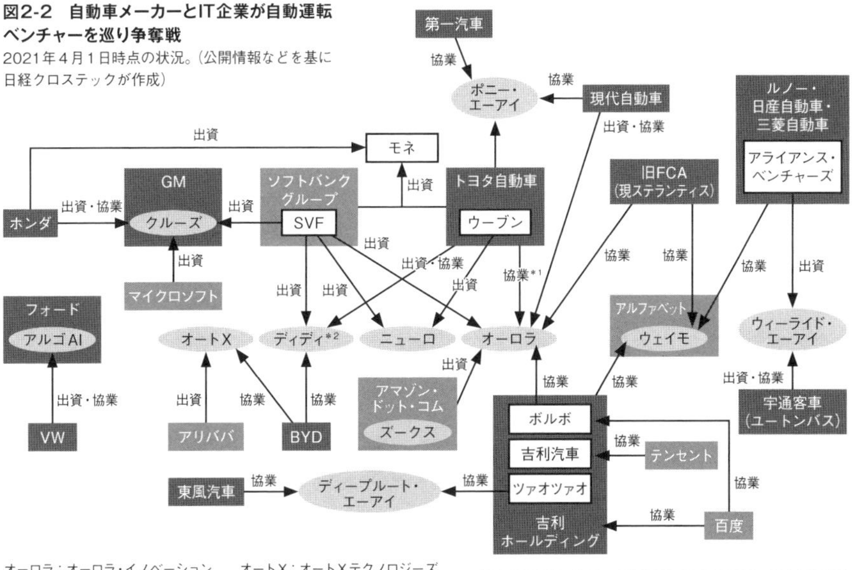

オーロラ：オーロラ・イノベーション　オートX：オートXテクノロジーズ
ツァオツァオ：ツァオツァオモビリティー　ディディ：滴滴出行
FCA：フィアット・クライスラー・オートモービルズ
フォード：フォード・モーター　GM：ゼネラルモーターズ
モネ：モネテクノロジーズ　SVF：ソフトバンク・ビジョン・ファンド
VW：フォルクスワーゲングループ
ウーブン：ウーブン・プラネット・グループ
吉利ホールディング：浙江吉利控股集団

＊1　オーロラが買収したウーバー・テクノロジーズの自動運転子会社に出資・協業していた。オーロラへの出資については不明
＊2　ディディは19年8月に自動運転部門を子会社としてスピンアウト

注2）レベル2相当の自動運転機能「オートパイロット」を備えた米テスラ（Tesla）の電気自動車（EV）を持つ、日本の自動車メーカーの米国駐在者は、「1000km以上の距離を走行して旅行したが、多くの行程をオートパイロットに任せたのでほとんど疲れなかった。米国の場合、目的地までの行程のうち約7〜8割が高速道路で、自分が運転する『下道』は2〜3割。そう考えると、レベル2〜3で十分自動車の商品価値が上がる」と語る。

共に出資していた米ウーバー・テクノロジーズ（Uber Technologies）の自動運転子会社を20年12月に買収した米オーロラ・イノベーション（Aurora Innovation）と、21年2月に自動運転で提携した。

ウェイモと関係が深いのは、旧フィアット・クライスラー・オートモービルズ（Fiat Chrysler Automobiles、FCA）、現・欧州ステランティス（Stellantis）である。20年度の自動運転継続平均距離で5位だったアルゴAIは、フォード傘下ながら独フォルクスワーゲン（Volkswagen、VW）も出資している。

以下では、米国の注目企業の動きをカリフォルニア州DMVの結果を交えながら解説する。取り上げるのは、自動運転技術で先頭を走るウェイモとクルーズ、自動配送に力を入れる米ニューロ（Nuro）、米アマゾン・ドットコム（Amazon.com）傘下の米ズークス（Zoox）、そして米アップル（Apple）だ。

ウェイモ：技術も資金も死角なし

ウェイモは、アリゾナ州フェニックスで18年から自動運転車による移動サービス「ウェイモ・ワン（Waymo One）」を開始するなど、自動運転を手掛ける企業の中で最も実績がある企業だ（**図2-3**）。20年10月には、ウェイモ・ワンにおいてテストドライバーが同乗しない運用を一般の利用者向けに始めた。近い将来、すべての車両をドライバーレスにしていく方針を示している。

図2-3　米カリフォルニア州パロアルトで停車中のウェイモの車両
2020年撮影。（写真：日経クロステック）

カリフォルニア州でも積極的な動きを見せている。例えば21年2月に、サンフランシスコでの活動をさらに注力すると発表した。サンフランシスコは自動運転車にとってハードルが非常に高い。道が狭く、路上駐車も多い。一方通行も多く、走ってよい方向も分かりにくい。マナーの悪いドライバーも頻繁に目にする。歩行者が多く、信号を無視して渡ることも間々ある。自転車やバイクも多数走行しており、バスや路面電車も並走する。まさに世界の都市部の交通課題を集約したような場所で、たまにしか訪れない人には運転がしにくい場所だ。サンフランシスコを制することで、ウェイモの自動運転技術は本格的な商用化に向けて離陸できる。車両の周囲の状況をくまなく把握できるように、例えば360度赤外線レーザーセンサー（LiDAR）の開発に一層注力するという。

資金面でも、盤石な体制を築いている。20年5月、外部から30億米ドルを調達したと明らかにした。外部調達は今回が初だという。同年3月時点での予定額22億5000万米ドルを上回る金額で、同社に対する評価の高さがうかがえる。さらに上方修正し、21年4月時点で32億5000万米ドルに達した。

自動車メーカーとの関係強化も進んだ。20年6月には、スウェーデン・ボルボ（Volvo Cars）と戦略的提携を結んだことを発表。ボルボの配車サービス向け電気自動車（EV）プラットフォームに、ウェイモの自動運転技術「ウェイモ・ドライバー（Waymo Driver）」を統合するという。これにより、米自動車技術会（SAE）で定義された「レベル4」相当の自動運転機能を備えたEVを実現する。

20年7月には、旧FCA、現ステランティスとの提携を強化すると発表した。ウェイモ・ワンやカリフォルニア州での公道試験では、ミニバン「クライスラー・パシフィック・ハイブリッド（Chrysler Pacifica Hybrid）」にウェイモ・ドライバーを搭載した車両を利用している。この関係強化によって、ウェイモ・ドライバーを搭載する車両の種類を拡大する。

ボルボやステランティスとの提携で強調したのは、ウェイモの自動運転技術を配送車両に適用することである[注3)]。例えばステランティスとの提携強化では、

注3）米国では、コロナ禍を機に食料品や医薬品といった生活必需品や飲食店の料理などを宅配する配送サービスへの需要が急増した。自動運転車であれば感染リスクを大幅に低減できるので、ウェイモは配送用自動運転車の開発の強化に動き出したのだろう。

図2-4 「ウェイモ・ビア」の大型トラック
レベル4相当の自動運転機能を備える。(写真：ウェイモ)

配送用バン「ラム プロマスター(Ram ProMaster)」に同技術を搭載してレベル4相当の自動配送車両を実現する。ウェイモは元来、レベル4相当の自動運転機能を備えた大型トラックによる配送サービス「ウェイモ・ビア(Waymo Via)」に取り組んでいる(**図2-4**)。その後、20年10月に独ダイムラー・トラック(Daimler Trucks)と、レベル4の自動運転技術を大型トラック分野で展開するために戦略的パートナーシップを締結したと明らかにした[注4)]。

クルーズ：ホンダやMSが支援するGMの子会社

レベル4以上の自動運転技術に関して、新興企業と提携する大手自動車メーカーが多い中、GMは「自前主義」の方針を採る。その戦略会社がクルーズだ(**図2-5**)。同社では、専用車両から移動サービスまで、自動運転に関係するハードウエアとソフトウエア、そして利用者に向けた移動サービスまで手掛ける垂直統合型で研究開発を進めている。

クルーズは、人間のドライバーでも運転が難しいサンフランシスコを中心に、

注4) 本格的な商用化を始める前に、自動運転車に対する社会受容性を高めるためと目される活動にも力を入れている。特に注力したのは、自動運転技術の安全に関する情報開示である。例えば、20年10月に安全に関する最新の報告書や論文などを公表した。21年3月には、自動運転車がいかに安全かをアピールする成果を見せた。実際に起きた交通死亡事故をシミュレーション上で再現。自動運転システムを適用することで、同事故の多くを回避できることを示した。一連の活動を通じて、自動車のユーザーに安全と判断してもらい、社会受容性を高める狙いがあるとみられる。

図2-5　サンフランシスコ市内を走行するクルーズの自動運転車
2020年撮影。（写真：日経クロステック）

公道試験を実施。その点を鑑みると、ウェイモ並みか、それ以上の実力を秘めるといえそうだ。

クルーズは20年、コロナ禍で公道試験の一時中止を余儀なくされたものの、予定（19年開始）より遅れている商用化に向けて大きく前進した。例えば20年10月、テストドライバーが不在、すなわち無人の自動運転車を利用した公道試験の認可をDMVから獲得した。DMVによれば、5台の自動運転車をサンフランシスコ市の所定の道路において無人で走らせられるという。制限速度は時速30マイル（48.3km）で、昼夜問わず実施できる。ただし、濃霧や激しい降雨の状況では許可していない。

この認可獲得の発表後に、クルーズは新型コロナウイルスの感染予防に配慮した新しい車内空間を発表した。今後サービス開始予定のライドシェアに向けた自動運転のEV「クルーズ・オリジン（Cruise Origin）」で採用する（**図2-6**）。

図2-6　ライドシェアに向けた自動運転EV「クルーズ・オリジン（Cruise Origin）」
クルーズが発表した新しい車室空間では、車内を左右2空間に分離・隔離する透明板の設置や空気清浄機能の向上、抗ウイルス素材の採用などによって新型コロナウイルスの感染予防に配慮した。（画像：クルーズ）

例えば、車内を左右の2空間に分離・隔離する透明板の設置や空気清浄機能の向上、抗ウイルス素材の採用などを行う。クルーズ・オリジンは20年1月に発表したもので、GMと関係が深いホンダと共同で開発した。量産を前提としており、低床で乗り降りしやすく、車内空間が一般の自動車の3倍と広い4人乗りの車両である。走行寿命は100万マイル（約161万km）以上と長く、コストも安いという。

21年1月には、GMとクルーズは米マイクロソフト（Microsoft）と長期的な戦略的協力関係を結んだと明らかにした。ソフトウエアやハードウエアのエンジニアリングから、クラウドコンピューティングや製造、エコシステム構築などの様々な分野で連携を進める。例えば、クルーズはマイクロソフトのクラウド基盤「アジュール（Azure）」を活用し、自動運転技術を商品化する考え。加えて、資金面でも支援を受ける。マイクロソフトはGMやホンダ、機関投資家と協力してクルーズへ20億米ドル以上の新規株式による投資を行うと発表した。

同業の買収にも乗り出した。21年3月、16年創業の新興企業、米ボヤージュ（Voyage）を買収すると明らかにした。同社は、カリフォルニア州でテストドライバーを乗せて公道試験を実施する許可を得ている60社弱のうちの1社。ステランティスや大手レンタカーサービスの米エンタープライズ（Enterprise）などと提携している。既に、フロリダやカリフォルニア州サンノゼにある高齢者居住施設内で移動サービスの提供を開始している。ボヤージュの自動運転や衝突軽減システム、遠隔操作システムといった技術を評価しての買収だとする。買収に伴い、60人ほどのボヤージュの社員がクルーズに移籍する。

ニューロ：トヨタも注目の配送専業

ニューロは、グーグルで自動運転技術を開発していた技術者らが16年に創業した企業で、シリコンバレーの一画であるカリフォルニア州マウンテンビューに本社を置く。20年度の報告書でも好成績を収めた。同年度の自動運転継続平均距離は約8100kmと8位につけた。

ニューロが特徴的なのは、自動運転技術を乗用ではなく、荷物を運ぶ配送向けに焦点を絞っている点である。同社はソフトウエアだけではなく、独自の小型車両（配送ロボット）も手掛ける。レベル4相当の自動車技術を備えた無人小型EV「R2」である（**図2-7**）。

図2-7　ニューロの小型自動運転車「R2」
配送専用でレベル4の自動運転機能を備える。車室にドライバーや乗客が乗る場所は用意されていない。（写真：ニューロ）

ニューロは、もともと有力な新興企業の1社で、20年はさらに多くの実績を重ねた。例えば20年4月にカリフォルニア州DMVからテストドライバーなしでの公道試験の認可を獲得。同年12月には、同じくカリフォルニア州DMVから無人自動運転車による商用配送の認可を得ている。この認可によって、ベイエリアにあるサンタクララ郡とサンマテオ郡の指定された地域で商業サービスが可能になった。ニューロは、同地域郡にある、制限速度が時速35マイル（約56.3km）の道路において、晴天時に最大25マイル（約40.2km）で自動運転車を走行させて商業配送ができる。21年1月末時点で、テストドライバーなしでの公道試験の認可を得ているのはニューロを含めて6社あるものの、商用配送の許可を得たのはニューロだけである[注5)]。

同社は20年12月に同業の米アイクロボティクス（Ike Robotics）を買収。アイクは高速道路を走行し、物流施設間を移動する大型商用車に向けた自動車技術を手掛けていた。ニューロは、大型物流倉庫から家庭までを配送する自動運

注5）20年10月に、R2を利用した無人配送の実証試験をカリフォルニア州マウンテンビューやテキサス州ヒューストン、アリゾナ州フェニックスで既に実施済みと発表。同月時点で継続していたのはマウンテンビューとヒューストンでの配送で、このうちヒューストンでは有償サービスを開始していた。マウンテンビューでの協業相手を明かしていない一方で、ヒューストンではドラッグストアチェーン大手の米CVSヘルス（CVS Health）や小売り大手の米クローガー（Kroger）と協業し、特定の地域に対して配送を実施していたという。このほか、ニューロは米ドミノ・ピザ（Domino's Pizza）や米ウォルマート（Walmart）と協業するなど、大手と提携する場合が多い。

転技術を有する企業になり、さらに飛躍する可能性を秘める。

資金も集まっている。例えば20年11月、シリーズCの資金調達として5億米ドルを得たと明らかにした。かつて19年2月に、ソフトバンクグループのソフトバンク・ビジョン・ファンド（Softbank Vision Fund、SVF）から9億4000万米ドルの出資を受けると発表し、この時点で総額10億米ドル超を調達していた。20年11月の発表時で、調達額は累計15億米ドルに達したとみられる。

さらに、21年3月には、トヨタ自動車グループで、ソフトウエアやスマートシティー開発を手掛けるウーブン・プラネット・グループ（Woven Planet Group）は、コーポレート・ベンチャー・キャピタル（CVC）の「ウーブン・キャピタル（Woven Capital）」を通じて、ニューロに出資したことを明らかにした。ウーブン・キャピタルの第1号の投資案件とする。この出資は、ニューロが実施したシリーズCラウンドの資金調達の一部になるという。

ズークス：アマゾンの下でクラウド強化か？

20年度の報告書において、米IT企業関連で成績が良かったのがズークスだった。同社は、アマゾンによって20年6月に買収された。今回の報告書では、自動運転継続平均距離は約2620kmと19年度に比べて微増し、10位に入った。

図2-8　アマゾン傘下のズークスの車両
(a) は2020年に撮影したサンフランシスコに停車中のズークスの自動運転車の試験車両。(b) はズークスが公開したロボタクシー向け車両。(写真 (a)：日経クロステック、画像 (b)：ズークス)

総走行距離に関しては、期間中に外出制限が敷かれたコロナ禍にもかかわらず、19年度比で約5割増の約16万5000kmだった。これは、クルーズ、ウェイモ、中国系のポニー・エーアイに次ぐ4位となる長さで、ズークスが精力的に試験をしている様子がうかがえる。

ズークスは、20年9月にカリフォルニア州DMVからテストドライバーが不在での自動運転車を利用した公道試験の認可を得た。20年12月には、移動サービス（ロボタクシー）向けの独自小型EVを披露するなど、アマゾンによる買収後も、実用化に向けて順調に歩みを進めている（**図2-8**）。

アマゾンは以前からオーロラ・イノベーションに出資しており、自動運転技術分野に強い関心を寄せてきた[注6)]。そしてズークスの買収に踏み切った。アマゾンは自動運転技術に注目する理由を明言していない。配送コストの削減に向けて単に配送用車両に適用するだけなのか、ロボタクシーのような移動サービスを本格的に開始するのか不透明である。

ただし、アマゾン傘下のクラウド最大手の米アマゾン ウェブ サービス（Amazon Web Services、AWS）の事業拡大のためにズークスを買収したと考えると納得がいく。自動運転車両用に必要な機能を、ズークスやオーロラ・イノベーションを運営しながら学習してクラウドサービスに実装し、これを他社の自動運転サービス事業者にも提供しようとしているのではないかというわけだ[注7)]。これはまさに、まず自社サービスでの利用で磨き上げ、その機能を外部企業にも提供するというAWSの事業モデルそのものである。

注6）オーロラ・イノベーションはグーグルやテスラ、ウーバー・テクノロジーズの出身者らが17年に設立した企業である。ハードウエアやソフトウエア、データサービスなどを含んだ自動運転プラットフォーム「オーロラ・ドライバー（Aurora Driver）」を手掛ける。アマゾンのほか、著名なベンチャーキャピタル（VC）の米セコイア・キャピタル（Sequoia Capital）などが投資している。

注7）AWSの自動運転サービス向けの機能が充実してくれば、将来、自動運転の実現に必要な基本的な機械学習などの機能を低価格、あるいは無料で提供するようになる可能性がある。実際、AWSは業種別に特化したサービスや機能の提供に力を入れている。例えば、20年12月に製造業に焦点を絞った機械学習サービスの提供を始めている。同様に、コネクテッドや自動運転に特化した機械学習サービスをAWSが提供する可能性がある。既に、機械学習技術について学ぶための人工知能（AI）ミニカー「ディープレーサー（DeepRacer）」を提供している。これをさらに拡張し、AWSの新たなサービスに仕立てるのは自然な流れといえる。

自動車業界におけるコネクテッド機能や自動運転機能の搭載に向けてクラウドサービスへの需要が高まる中で、AWSは事業拡大に向けた動きを加速させている。その結果、大手の自動車メーカーや1次部品メーカー（ティア1）での採用が相次ぐ。例えば、20年8月にはトヨタ自動車と提携した。コネクテッドカーから取得した車両データを蓄積してビッグデータ分析するトヨタ自動車のサービス基盤「モビリティサービス・プラットフォーム（MSPF）」の強化に向けて、AWSの様々なサービスを活用するという。ティア1では、独コンチネンタル（Continental）がAWSを活用している。

仲間づくりも着々と進めている。アイフォンの製造受託で知られるEMS（電子機器の受託製造サービス）最大手の台湾・鴻海精密工業（Hon Hai Precision Industry）が20年10月に立ち上げた、EVプラットフォームの構築に向けた団体「MIH EVオープンプラットフォーム（MIH EV Open Platform）」にAWSが参加。MIHにはこのほか、部品メーカーや半導体メーカー、ソフトウエア企業など1000社ほどが参画しているとみられ、EV製造の水平分業を可能とする巨大組織に成長しつつある。この組織の中でAWSは有力なクラウドサービス提供者であり、鴻海にEVの製造を委託した企業がクラウドサービス事業者としてAWSを選ぶ可能性が高い。鴻海董事長の劉揚偉氏は、27年に世界のEV販売シェアの10%を獲得するという野心的な目標を掲げており、この目標を達成できれば、AWSの売り上げも大きく伸びるだろう。

さらに、AWSは21年2月に車載基本ソフト（OS）「QNX」を手掛けるカナダ・ブラックベリー（BlackBerry）と提携し、自動車用のデータ基盤「ブラックベリー・アイビー（BlackBerry IVY）」を共同で開発すると明らかにした。QNXのオーバー・ジ・エア（OTA）を含む組み込みシステムと、AWSのクラウドサービスを連携させるという。AWSでデータを分析して得られた結果をアプリケーション・プログラミング・インターフェース（API）を通じて、自動車メーカーのほか、アプリやサービスの開発者に提供する狙いがある。

アップル：ベンチャー買収も他社に見劣り

毎年注目を集め、20年末から21年初頭にかけて自動車事業参入の報道が目立ったアップルは、自動運転継続平均距離が約233km、総走行距離が約3万260km、そして実際に走行させた車両数が29台となり、いずれも19年度を上回った（19年度はそれぞれ、約190km、約1万2140km、23台）。ただし、総走行距離と車両数は18年度の水準に達していない。18年度の総走行距離は12万8000kmほどで、走行した車両数は62台だった。20年度の総走行距離は、これに対して1／4にすぎない。

一方で、20年度の自動運転継続平均距離は18年度に比べて大幅に改善した。18年度の自動運転継続平均距離は約1.8kmと、惨憺（さんたん）たる結果で、そのためか19年1月にアップルの自動運転開発部門で200人規模の人員削減が行われたと米メディアのCNBCなどが報じていた。

その後、自動運転技術の新興企業である米ドライブ・エーアイ（Drive.ai）を19年6月に買収し、反転攻勢に出ていた（**図2-9**）。その成果が20年度には表れたといえそうだが、自動運転継続平均距離が2000kmを超える上位10社に比べて依然として見劣りする。アップルが本当に自動車事業に参入するのであれば、自動運転技術を有する新興企業を新たに買収する可能性が高そうだ。

図2-9　アップルが買収したドライブ・エーアイの自動運転車
20年度の報告書でも、自動運転継続平均距離は約233kmと振るわなかった。（写真：ドライブ・エーアイ）

column

市販車でこっそりトレーニング
着実に実力蓄えるテスラ

自動運転といえば、米テスラ（Tesla）が気になるが、20年度の報告書には名前がなかった（**図A**）。もともと、同社はカリフォルニア州における自動運転車による公道試験に積極的ではない。19年度も、結果が記載されていたものの、総走行距離はわずか20kmほどにすぎなかった。市販したEVを通じて、自動運転技術を改善したり、トレーニングに必要なデータを集めたりしているからだ。よりリアルなデータだけに、別途、自動運転車を用意して公道試験を実施しなくてもいいとのスタンスである。テスラがカリフォルニア州DMVに19年12月に提出した報告書の要約によると、「シャドーモード」と呼ばれる機能を通じて、自動運転技術をトレーニングするための数十億マイル分のデータを市販したEVから取得できるという。

ユーザーがテスラのEVを運転中に、バックグラウンドで動作するシャドーモードを通じて、人が運転した場合と自動運転技術で運転させた場合を比較。その結果を基に同技術を改善する。リアルで多様な利用状況に準じて比較できる点が、試験車両による公道試験と比べた利点だ。加えて、テスラのEVの売れ行きは好調で、収集できるリアルなデータはウェイモに比べても圧倒的に多い。19年通年（1～12月）のテスラ車の販売台数は37万台弱で、20年通年で約50万台と過去最高を記録した。合計87万台弱で、これまで販売したEVも合わせれば、市場で走行するテスラ車の数は100万台前後とみられる。そのため、21年以降も、シャドーモードを通じて同社の自動運転技術は向上し続けるだろう。

図A　カリフォルニア州で停車中のテスラのEV
ドライバーの運転と自動運転を内部で比較して学習する「シャドーモード」でどんどん自動運転の精度を向上させている模様。（写真：日経クロステック）

第3章

躍進するテスラの強さと次なる戦略

3-1

テスラ分解で見えた強さの源泉「モデル3」の主要部品はたったこれだけ

「部品点数が少なすぎる。本当にこれでクルマが動くのか」――。米テスラ（Tesla）の電気自動車（EV）を分解調査した技術者は、旧来のガソリン車との違いに目を見張る。パワートレーンは、インバーターとモーター、減速機を一体化した駆動モジュールに。これまで数十個あった電子制御ユニット（ECU）は統合ECUを中心に数個に集約。内装ではボタンやレバーなどの操作系をほとんど排除した。部品の多くは専用品で、テスラが主導して開発した様子がうかがえる。テスラの強さを読み解く前に、まずは、テスラの主要部品をご覧いただきたい。

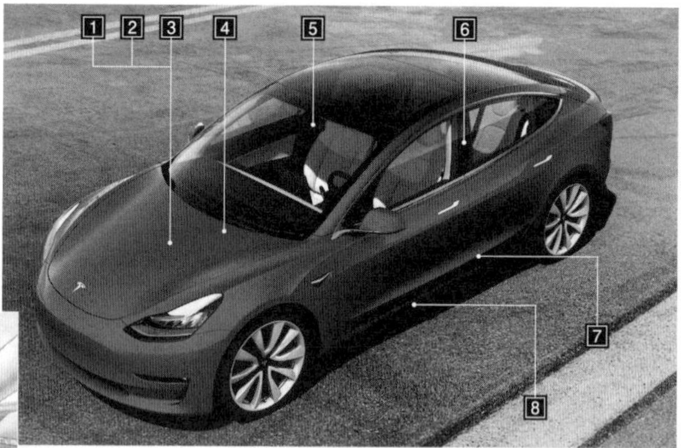

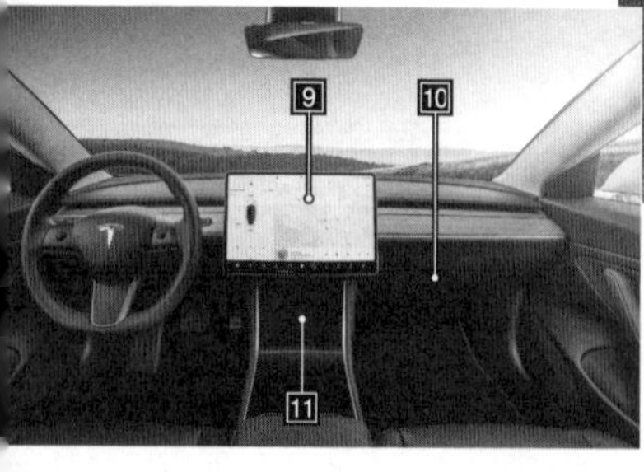

（画像：テスラ）

分解したモデル3の主な仕様

グレード		ロングレンジ
車両寸法		全長4694×全幅1849×全高1443mm
車両質量		1847kg
電池	容量	75kWh
	総電圧	350V
モーター	最高出力	307kW
	最大トルク	510N・m
航続距離（WLTP）		560km
駆動方式		4輪駆動

1 モーター

前輪側は従来のテスラ車と同様に誘導モーターだが、後輪側は永久磁石式同期モーターを新たに採用した。

2 減速機

前後輪ともに1段式で、モーターの出力を駆動輪に伝達する。減速比は9.00。油冷式で、モーターと同じオイルを循環させる。

3 インバーター

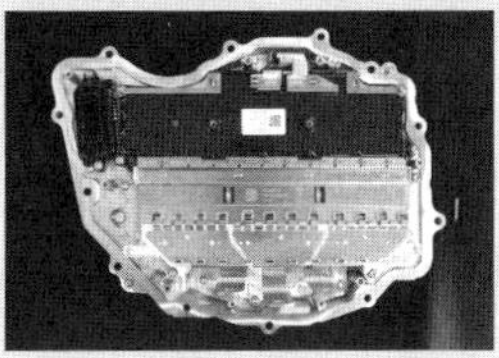

パワー半導体に炭化ケイ素（SiC）を使う。インバーターの形状は米国の国土を模しているようで、テスラの遊び心が垣間見える。

4 ボディー系電子制御ユニット（ECU）

電源電圧12Vで駆動する電装品の制御と電力供給を担う。写真のモジュールを含め、3個のボディー系ECUで構成する。

5 3眼カメラ

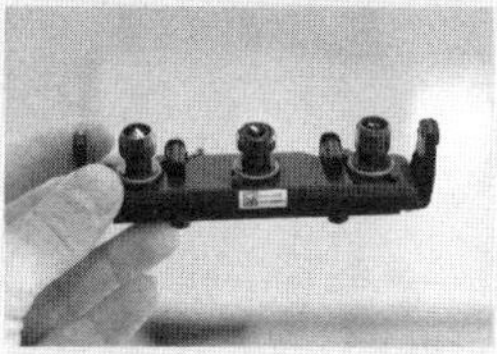

前方監視用で、認識範囲の異なる3個のカメラで構成。画像処理チップは内蔵しておらず、データは統合ECUに伝達する。

6 カードキーシステム

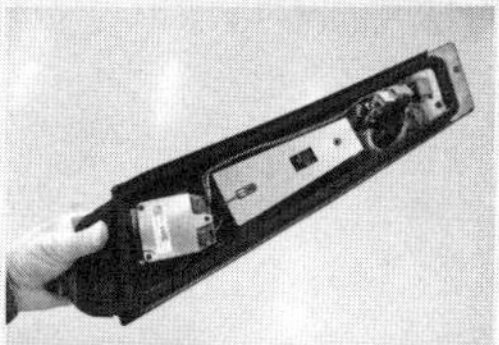

運転席側のセンターピラーに内蔵する。非接触のICカード（キーカード）をかざすとドアロックの開閉操作ができる。

7 車載充電器

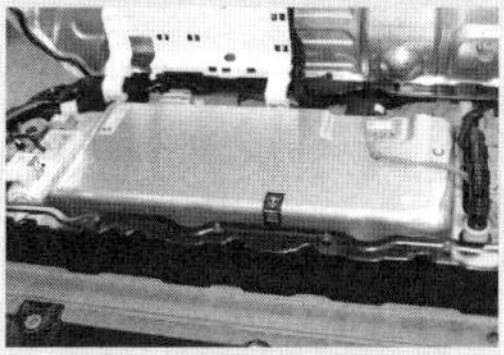

外部電源からの交流電力を直流に変換する交流-直流（AC-DC）変換部と、12V直流に変換する降圧直流-直流（DC-DC）コンバーターの機能を集約した。

8 電池パック

4400本以上の「2170」電池セルを搭載する。電池パック自体に高い強度を持たせることで、車体の構造部材の役割も担う。

9 液晶ディスプレー

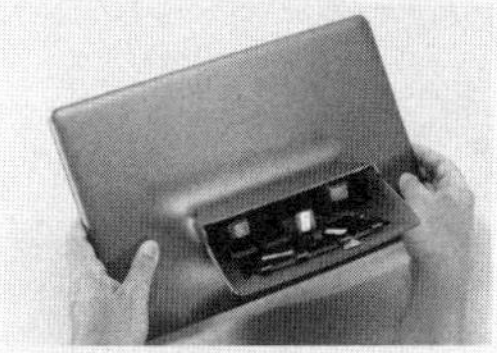

車室内にボタン類はほとんどなく、運転以外の操作はほぼこの15型のタッチパネル式ディスプレーで完了する。

10 統合電子制御ユニット（ECU）

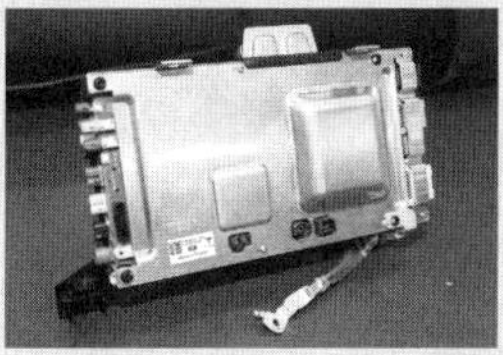

自動運転用とインフォテインメント用の2枚の基板を内蔵する。センサー類などと接続するため、多くのコネクターを用意した。

11 エアコン

暖房時の熱源は、冷暖房空調装置（HVAC）モジュールに内蔵した正温度係数（PTC）ヒーターである。冷房時はエバポレーターを使う。

（写真：日経Automotive）

3-2
電子プラットフォームは トヨタやVWよりも6年先に理想形

米テスラ（Tesla）「モデル3」の分解で明らかになる、同社の強さの源泉。真っ先に取り上げるのは、車載電子プラットフォーム（基盤）だ。中核に高性能なコンピューターを据える「中央集中型」と呼ばれるアーキテクチャーを採用した。実はこれ、既存の自動車メーカーが2025年以降に導入予定とされる「理想形」。同社はそれを6年も先に導入したことになる。しかも中央集中型の実用化は、自動車業界の従来型サプライチェーンを崩壊させる可能性さえ秘めている。

「うちの会社にはできない」――。ある国内自動車メーカーの技術者が、米テスラ（Tesla）の車載コンピューターを見て白旗を揚げた。

テスラは量産中の電気自動車（EV）である「モデル3」や「モデルS」などに、「HW3.0」と呼ぶ車載コンピューターを搭載する（**図3-1**）。内蔵する半導体を自社開発し、自動運転とインフォテイメントなどの機能を統合制御する電

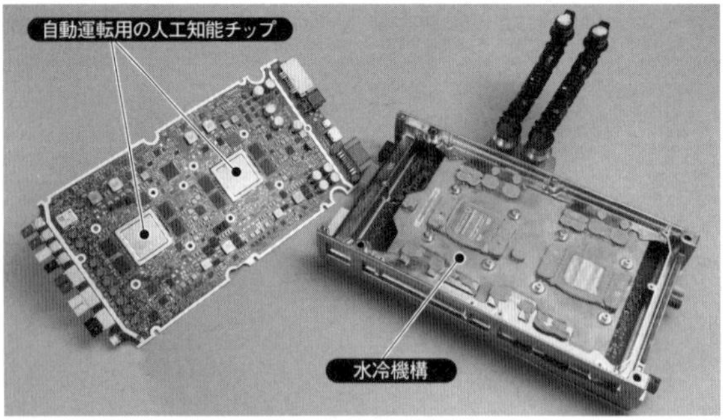

図3-1　モデル3が搭載する統合電子制御ユニット（ECU）「HW3.0」
2枚の基板を搭載する。1枚は独自開発した人工知能（AI）チップを実装する自動運転用で、もう1枚はインフォテインメントシステムなどを制御するミディアム・コントロール・ユニット（MCU）。基板間に水冷ヒートシンクを配置した。（写真：日経Automotive）

子制御ユニット（ECU）の役割を一任した。

車載電子プラットフォーム（基盤）の中核に高性能なコンピューターを据えるアーキテクチャーは「中央集中型」と呼ばれる。自動車業界の関係者は異口同音に「実用化は2025年以降」と説明してきた。

一方のテスラがHW3.0を導入したのは19年春（**図3-2**）。他社を6年以上も先行したことになる。テスラは自動運転システムの進化に合わせて車載電子基盤を刷新。14年9月に第1世代を投入して以降は、2〜3年という極めて短いサイクルで開発を進めている。

圧倒的なスピードで構築したテスラの中央集中型の車載電子基盤は、他の自動車メーカーのみならず、業界全体にとっての脅威になる。長い歳月をかけて積み上げてきた既存の部品供給網（サプライチェーン）を崩壊させる可能性を秘めるからだ。

図3-2　2〜3年ごとに自動運転システムを強化
現在は第3世代の「HW3.0」を使う。「モデル3」だけではなく、「モデルS」や「モデルX」、今後投入するEVにも共通の自動運転システムを搭載する。（作成：日経Automotive）

既存メーカーはサプライチェーンが重荷に

冒頭の技術者が「できない」と言ったのは、開発力が不足しているからではない。優秀な人材と多額の研究開発費を持つ大手自動車メーカーであれば、実現できないわけがない。

それでも、自動車メーカーによる実用化は25年以降と遅い。最大の理由は「しがらみ」（前出の技術者）で、同時に新興勢力のテスラにとっては強みを発揮できる領域でもある。

トヨタ自動車や独フォルクスワーゲン（Volkswagen、VW）を含め、旧来の自動車メーカーが車載電子基盤を変更できずにいるのは、部品メーカーの仕事を奪いかねないためだ。中央集中型にすればECUの数は激減する。ECUの出荷台数の多さで事業規模を確保している部品メーカーにとっては死活問題で、自動車メーカーは慎重にならざるを得ない。

結果として数十個のECUが複雑に絡み合う“スパゲティ状態”の電子基盤を使い続けるしかない。これまで自動車メーカーの成長を支えてきた強固なサプライチェーンが重荷になってきたのである。

電子基盤は内製にこだわる

一方のテスラにはこうしたしがらみがなく、理想を追求した選択と集中を断行できる。消費者が求める自動運転やコネクテッドカーのニーズをいち早く察知し、その要求を満足させられる車両システムの開発に注力し続ける。実際、編集部が分解したテスラのモデル3の内部には、統合ECUを含めて数個のECUしか存在していなかった。

同社最高経営責任者（CEO）のイーロン・マスク（Elon Musk）氏によると、モデル3に搭載する統合ECUの性能は「完全自動運転に対応する水準」だ。現状では「レベル2」の運転支援にとどまるが、ソフトウエアの更新機能であるオーバー・ジ・エア（OTA）を使えば自動運転車に進化できるという。

VWが目指すハードウエアとソフトウエアの分離も容易だ。テスラは既に、サプライヤーに任せていた自動運転用のソフトウエアの開発を内製に切り替えつつある。こうなると、ハードウエアを中心に供給していた部品メーカーの利益は大幅に縮小される。電動駆動システムも、テスラはメガサプライヤーに丸投げしていないことが分かった[注)]。

競争力になる部分の内製開発にこだわるテスラが成功すれば、他の自動車メーカーも続かざるを得ない。それは、既存のサプライチェーンでのビジネスが通用しなくなることを意味する。トヨタやVWの6年以上も先を行く“理想形”の車載電子基盤を武器に、テスラは自動車業界の勢力図を変えようとしている。

注）分解したモデル３のほとんどの部品には、部品メーカーの名前は刻印されていなかった。一方で、テスラのロゴはECU内部の基板を含めて多く配置されていた。テスラが徹底して開発の主導権を握っていたことが分かる。

3-3
統合ECUは自動車業界の常識を無視し圧倒的な競争力

ここまで見てきた車載電子プラットフォーム（基盤）の中核となる統合電子制御ユニット（ECU）の処理チップは内製だ。ここにも、米テスラ（Tesla）「モデル3」が他の車両と圧倒的に違う点がある。わずか数個のECUで、「走る・曲がる・止まる」の制御を完結させる。自動車業界の常識を無視して開発した、かかる統合ECUは、同社の競争力の源泉になり始めている。

「モデル3」のインスツルメントパネルの内側から“本丸”が姿を現した（**図3-3**）。米テスラ（Tesla）が独自開発した統合電子制御ユニット（ECU）だ。

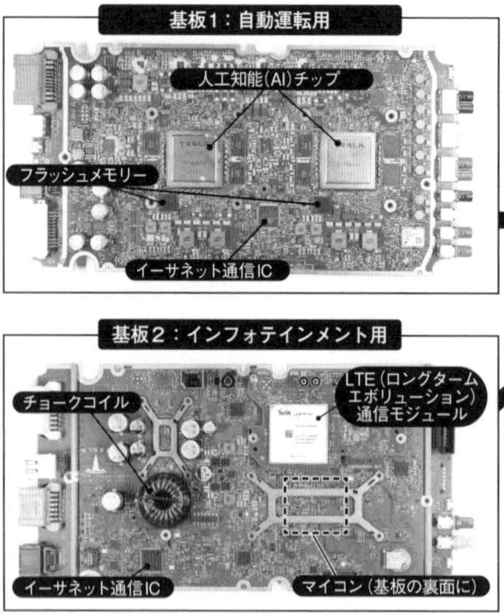

図3-3　自動運転とインフォテインメントの機能を1台の統合電子制御ユニット（ECU）に集約
モデル3の統合ECU「HW3.0」の内部基板の様子。それぞれの基板の裏面にも半導体が高密度実装されていた。HW3.0自体は、インスツルメントパネル内部の助手席側にあった。（写真：日経Automotive、フォーマルハウト・テクノ・ソリューションズ）

コンピューターの演算処理性能は144TOPS（1秒当たり144兆回の演算が可能）と高く、消費電力は72Wに上る。放熱対策として、高コストな水冷機構を備える。

このコンピューターの異質さは、トヨタ自動車や米ゼネラル・モーターズ（GM）などが2019年10月に立ち上げた、自動運転車向け車載コンピューターの推奨要件を定義するコンソーシアム「AVCC（オートノマス・ビークル・コンピューティング・コンソーシアム）」の取り組みと比較すると分かりやすい注)。

「2025年の量産車への搭載に間に合うように開発していきたい。安価な空冷システムにするためには、消費電力は30Wが限界だ」。こう語るのは、トヨタの代表としてAVCCを担当するトヨタ・リサーチ・インスティテュート・アドバンスト・デベロップメント（TRI-AD）バイス・プレジデントの谷口覚氏である。

谷口氏はさらに、「車載コンピューターは非競争領域でいいと思っている」と続ける。開発規模が非常に大きくなる中で、自動車メーカーごとに開発するのは非効率だと判断した。

AVCCが示した自動車業界の常識的なロードマップや性能要件を完全に無視するテスラ。自動運転用の車載コンピューターの内部にインフォテインメント用の基板も搭載し、統合ECUに仕立てた。

分解を続けていくと、モデル3は「走る・曲がる・止まる」に関わる制御を統合ECUと3個のボディー系ECUのみで集中管理していることが分かった。この車載電子プラットフォーム（基盤）は「中央集中型」と呼ばれるもの。テスラはECUの数を極端に減らし、競争力の源泉とする戦略を採った。

数個のECUで車両を制御

独フォルクスワーゲン（Volkswagen、VW）によると、現在のエンジン車は

注）AVCCの参画企業は2019年12月時点で、英アーム（Arm）、独ボッシュ（Bosch）、同コンチネンタル（Continental）、デンソー、米ゼネラルモーターズ（GM）、米エヌビディア（NVIDIA）、オランダNXPセミコンダクターズ（NXP Semiconductors）、ルネサス エレクトロニクス、トヨタ自動車、スウェーデン・ヴィオニア（Veoneer）の10社である。

「約70個のECUで車両を制御している」（同社）という。パワートレーンを電気自動車（EV）にすれば部品点数は減るので、ECUも自然と少なくなる。それでも、以前分解した日産自動車のEV「リーフ」は30個ほどのECUを搭載していた。

中央集中型の車載電子基盤を採用する前のテスラ車は、他の自動車メーカーの車両と同様に、機能ごとに個別のECUを設けた。2015年式の「モデルS」の分解によって、15個以上のECUの存在を確認している。他社の車両よりは少ないが、「分散型」と言える車載電子基盤を採用した。

分散型はECUと各部品が1対1でつながるシステムで、自動車メーカーが長年使い続けているものである（**図3-4**）。次のステップとして移行が始まりつつあるのが、近い機能の部品単位で管理する「ドメイン（制御領域）型」の車載電子基盤だ。パワートレーンやシャシーなど、ドメインごとに中心となるECU（ドメインECU）を設置する。

一方のテスラは、ドメイン型を飛び越して中央集中型に刷新した。少数の高性能な統合ECUで車両全体を制御していくアーキテクチャーだ。

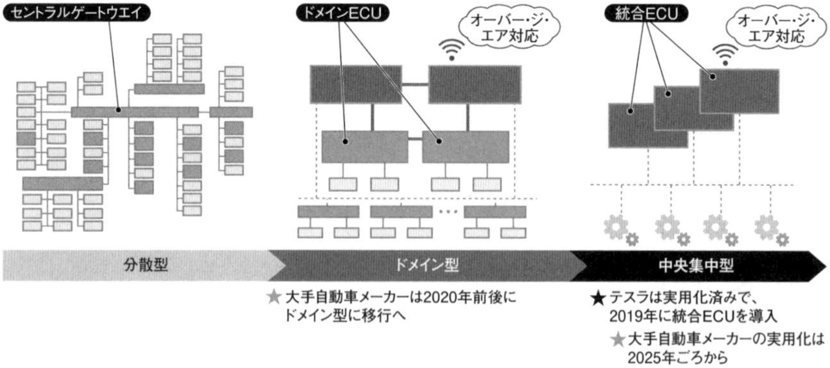

図3-4　大手自動車メーカーは25年ごろに中央集中型に

現在は、数十個のECUと自動車の各部品が1対1でつながる「分散型」から、機能群ごとに制御を管理する「ドメイン型」への移行期である。（作成：日経Automotive）

統合ECUに「Made in Taiwan」の文字

ただし、高性能な統合ECUだけでは中央集中型の車載電子基盤は構築できない。制御を支える黒子として、テスラが用意したのが3個のボディー系ECUだ（**図3-5**）。同社が「ボディーコントローラー（Body Controller）」と呼ぶこれらのECUで、12V系電装品の制御と電源供給のほとんどを担う。統合ECUともつながる。他社の一般的な車両では部品ごとのECUで個別に実行していた様々な制御を、モデル3はボディー系ECUに集約した。

少数精鋭のECUだけで集中管理する車載電子基盤の利点は多い。まず、ECUの数を減らせる。ECU間の配線も減らせるため軽量化や省スペース化にも効く。

「オーバー・ジ・エア（OTA）」機能でも中央集中型が有利だ。無線でソフトウエアを不具合なく更新するためには、多くのECU間の互換性を含めて電子基盤全体の動作を検証する必要がある。ECUの数が少なければ、確認の手間を

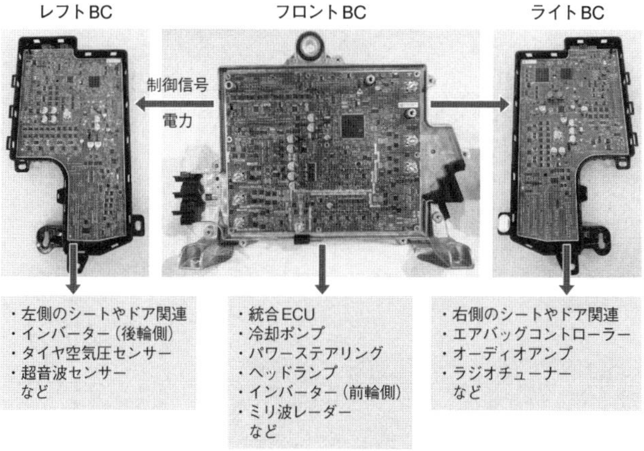

図3-5　3個のボディー系ECUでドメインを超えた部品群を一括制御
モデル3には、ボディーやシャシー、パワートレーンなどドメインごとに管理するECUはない。車両の制御をつかさどるあらゆる信号を「ボディーコントローラー（BC）」に集め、中央集権的に管理している。図中の矢印は、制御信号と電力の流れ。（写真：日経Automotive）

減らせる。ソフトウエアをOTAで更新してクルマの機能や価値を高めていくテスラの方針と親和性が高い。

モデル3の統合ECUには大手部品メーカーのロゴマークはなく、代わりに「Made in Taiwan」の文字があった。ドイツのメガサプライヤーやデンソーなどとは組まず、テスラは新しい部品供給網（サプライチェーン）を構築し始めたようだ。

カメラは“画像処理チップレス”に

モデル3に投入した中央集中型の車載電子基盤は、拡張性の高いアーキテクチャーに仕上がった。一例が3眼カメラだ。テスラは、前方監視カメラモジュールの常識を破り、“画像処理チップレス”にしたのだ（**図3-6**）。モデル3のカメラには、3組のCMOSイメージセンサーとレンズしかなかった。

車両前方の状況を把握するカメラは通常、CMOSイメージセンサーと画像処理チップを1つのモジュールに内蔵している。CMOSイメージセンサーで取得したデータをモジュール内のチップで処理し、分析した結果のみを外部の先進

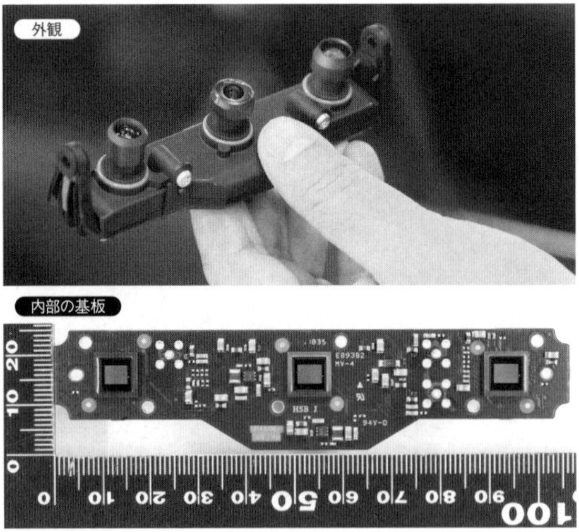

図3-6　モデル3の3眼カメラは画像処理チップを搭載せず
最長視認距離250mの長距離用カメラと、同150mの中距離用カメラ、同60mで視野角120度の広角カメラから成る。内部基板には画像処理チップは実装していなかった。（写真：日経Automotive、フォーマルハウト・テクノ・ソリューションズ）

運転支援システム（ADAS）用ECUに伝える。

テスラの他に、3眼カメラを積極的に採用するのが日産自動車と独BMWである。両社が採用する3眼カメラモジュールは独ZF製で、3個のCMOSイメージセンサーと1個の画像処理チップを内蔵する。画像処理チップはイスラエル・モービルアイ（Mobileye）の最新版「アイキュー4（EyeQ4）」だ。

車載向けの3眼カメラを量産している部品メーカーは、今のところZF以外にない。普通に考えれば、テスラもモービルアイのアイキュー4を内蔵したZFのカメラを選ぶことになる。だが、テスラとモービルアイの間には遺恨が存在する。

両社は2016年に提携を解消しているのだ。それまでモービルアイは、画像処理チップ「アイキュー3（EyeQ3）」をテスラに供給していた。決裂のきっかけになったのが、2016年5月に発生したモデルSの事故。アイキュー3を内蔵するカメラの認識性能を巡って、両社の意見が対立した。モービルアイとの提携を解消した後、テスラは米エヌビディア（NVIDIA）のプロセッサー（SoC）を採用した。

モービルアイやエヌビディアを使わず

テスラが最新の統合ECUに搭載したSoCはモービルアイかエヌビディアか――。分解して確認した結果、そのどちらでもないことが分かった。驚くべきは、テスラが他社のSoCを使うという代替案を採らず、自社で高性能な人工知能（AI）チップを開発してしまったことだ。ソフトウエアの付加価値でテスラから利益を上げてきた半導体メーカーや1次部品メーカー（ティア1）にとっては、稼ぐ余地が大幅に縮小されることになった。

テスラが開発したSoCは、ニューラルネットワーク用のアクセラレーター（NNA）回路やグラフィックス・プロセッシング・ユニット（GPU）コア、セントラル・プロセッシング・ユニット（CPU）コア、イメージ・シグナル・プロセッサー（ISP）回路、各種インターフェース回路などを搭載する（**図3-7**）。

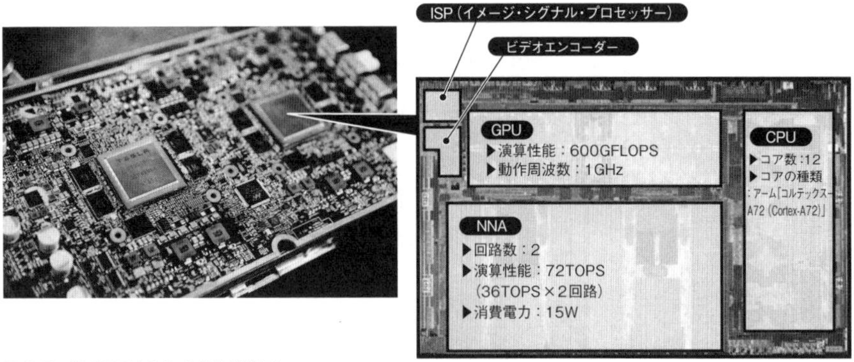

図3-7　統合ECUのSoCは自社開発
図3-3の自動運転用の基板に実装されている人工知能（AI）チップの内部構造。高い処理能力を持つニューラルネットワーク用アクセラレータ（NNA）回路を備える。プロセッサー（SoC）のダイ面積は260mm^{2}と大きい。図中の600GFLOPSは1秒当たり6000億回の演算が可能。（画像：日経Automotive、テスラ）

NNA回路の処理性能は、動作周波数2GHz時で36TOPS（1秒当たり36兆回の演算が可能）。2回路あり、計72TOPS（1秒当たり72兆回の演算が可能）となる。NNA部の消費電力は15Wだという。

SoCのダイ面積は260mm^2。回路規模に関しては、ゲート換算で2億5000万ゲート、トランジスタ数は60億である。製造は韓国サムスン電子（Samsung Electronics）に委託した。

容易にカメラの数を増やせるように

「将来の車載カメラのアーキテクチャー」。テスラが実用化したような、カメラモジュールを“画像処理チップレス”にして中央の車載コンピューターで処理するシステムを、BMWのカメラ技術者はこう表現する（**図3-8**）。

このカメラシステムの利点は、車両に搭載するカメラの数を容易に増やせることだ。CMOSイメージセンサーと同じ数の画像処理チップを用意する必要がない。カメラはCMOSイメージセンサーとレンズのみの小型モジュールになるので、搭載の自由度も高い。

多くのカメラを車両に搭載し、1つの車載コンピューターで処理するシステムは「サテライトカメラ」などと呼ばれる。テスラのモデル3は、3眼カメラを含めて合計9個のカメラを搭載している。センターピラーに埋め込んだほか、運転者監視用の車内カメラのデータも統合ECUで処理する。

テスラを追いかけるように、BMWはモービルアイや米インテル（Intel）とサテライトカメラの共同開発を進める。米ゼネラルモーターズ（General Motors、GM）もサテライトカメラの実用化に前向きだ。

部品メーカーでは例えば、ZFがサテライトカメラ向けの画像処理モジュールを2020年に量産する予定である。最大12個のカメラのデータを処理可能で、車両前方だけではなく、周囲360度の状況や運転者の状態なども把握できる。モジュールには、用途ごとに3個のSoCを搭載した。

テスラはその先を走る。多くの機能を集約した1種類の人工知能チップで処理できるようにした。さらに、自動運転機能やインフォテインメント機器を制御する基板を1個のECUに統合。他社が連合を組んで実用化を目指すのを横目に、テスラは独自開発した中央集中型の車載電子基盤を使いこなし始めた。

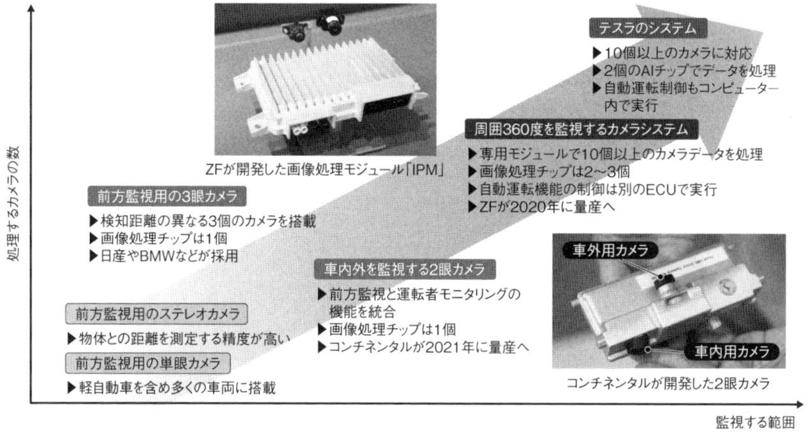

図3-8　車載カメラは“超多眼”を目指して進化

車載カメラは、1つのモジュールでより広い範囲の状況を把握できるように改良が進んでいる。車外だけではなく運転者をモニタリングしたり、周囲360度の状況を把握できたりするようになる。テスラのシステムは、自動運転の制御機能も盛り込んだ。
（作成：日経Automotive）

3-4
ACC作動時の自動ブレーキは驚くほどの滑らかさ

続いて、米テスラ（Tesla）が開発した自動運転用コンピューターの性能を見てみよう。その実力を確かめるために、緊急自動ブレーキ機能を独自で評価した。試験では、手動運転だけではなく、車速を自動調整するアダプティブ・クルーズ・コントロール（ACC）を作動させた条件も設定した。するとACC作動時は、テストドライバーが舌を巻くほど滑らかに減速した。

「あれ、ブレーキ踏みましたか？」――。テストドライバーに確認してしまうほど自然に停止した。足がブレーキペダルに触れることなく、歩行者を模したダミーの約4m手前でクルマは動きを止めた。独自に実施した米テスラ（Tesla）「モデル3」の自動ブレーキ試験の1コマだ。

今回設定したのが、アダプティブ・クルーズ・コントロール（ACC）を利用している状況での自動ブレーキ試験である。ACCは車速を維持したり、先行車と適切な車間距離を保って追従したりするもの。テスラは運転支援システム「オートパイロット（Autopilot）」の機能の1つとしてACCを用意する。

比較のため、ACCをオフにして、運転者がアクセル／ブレーキペダルを操作して一定の車速を維持して衝突ターゲットに向けて進入する試験も実施した（図3-9、表3-1）[注1)]。

注1）モデル3の緊急自動ブレーキ機能は他社のシステムと同様に、衝突の可能性が高まるとまず、警告音や表示によって運転者に危険を知らせる。それでも運転者が衝突の回避行動をとらないと、自動で急ブレーキを作動させて衝突の被害を軽減する。

図3-9　歩行者や壁などをターゲットにした自動ブレーキ試験を実施
写真は、壁を模した段ボールを使った試験の様子。モデル3は、ルームミラー裏に取り付けた3眼カメラで歩行者や車両などの存在を検知する。（写真：日経Automotive）

表3-1　子供の歩行者を模したダミーの試験結果
低速域ほど自動ブレーキは作動しにくかった。自動ブレーキが作動して衝突を回避したものを「○」、自動ブレーキが作動して減速したがダミーに接触したものを「△」、警告のみ作動したものを「×」とした。（作成：日経Automotive）

車速	1回目	2回目
10km/h	×	×
20km/h	△	×
30km/h	△	○ （ダミーの50cm手前で停止）

油断した運転者を守れるか

目の前の歩行者との衝突を回避しつつ、運転者を保護できるのか——。確認したかったのはこの点だ。オートパイロットを作動させると、システムは積極的に運転を支援する。ここで問題になるのが、車両の制御をシステムに任せてしまう運転者が出てくることだ。

システムを信用しすぎて注意が散漫になった運転者に対して、テスラ車は警告を発して注意を促す。それでも、油断した運転者がとっさの危険を瞬時に察知してブレーキをかけるのは難しい。運転者の慢心による事故は既に何度も発生しており、社会の関心も高い。

その陰で、運転支援機能を巡るもう1つの観点として、運転者の保護という課題が浮上してきた。衝突の直前で緊急自動ブレーキを作動させると、運転者は身構えることができず、身体にダメージを負うことがあるからだ。

こうした課題は、時代が自動運転へと向かう中で日増しに大きくなるだろう。完全自動運転の実現を目指すテスラは課題を認識し、対策を講じているのか。疑問を解消するため、ACCのオン／オフによって、歩行者との衝突を回避するための制御が異なるのかを実車試験で確認することにした。

ユーロ・エヌキャップの試験では最高記録

試験したモデル3は、テスラにとって第3世代となる最新の運転支援システム用の車載コンピューター「HW3.0」を搭載する。自動運転機能を実現するために、テスラが自社開発したプロセッサー（SoC）を2個備える。前方監視用の3眼カメラで撮影したデータを車載コンピューターで解析し、衝突の危険性を判断する。

144TOPS（1秒当たり144兆回の演算が可能）と高い演算処理性能を誇るHW3.0。欧州で自動車アセスメントを手掛けるユーロ・エヌキャップ（Euro NCAP）は、モデル3の予防安全機能の評価「セーフティーアシスト試験」を実施済みで、2019年7月に結果を発表している。モデル3は94%という高スコアを獲得。この結果、モデル3はユーロ・エヌキャップの最新の試験条件で、最高記録となった。

今回設定した試験条件のうち、ACCをオフにした状態がユーロ・エヌキャップの試験に近い。約10km／hと約20km／h、約30km／hの3段階の車速において、テストドライバーがターゲットに向けて試験車両を走らせた。

自動ブレーキの作動の有無だけではなく、速度や加速度のデータを測定した。加速度データから、ブレーキが作動して車両が停止するまでに発生する減速度（前後加速度の負の値）が分かる[注2)]。

表3-1の通り、車速が10km／hのときは2回とも、運転者に衝突の危険を知らせる警告ブザーが鳴ったが、自動ブレーキは作動しなかった。20km／hでは、1回目に自動ブレーキが働いた。警告ブザーが鳴った後にブレーキが作動して停止したが、歩行者ダミーには接触した。それでも、衝突の被害は大幅に軽減できていた。2回目の試験は警告のみだった。

車速が30km／hの試験では、2回とも自動ブレーキが作動した。このうち1

注2）走行データの測定には、小野測器の小型全地球測位システム（GPS）速度計「LC-8300」を使用した。測定精度は水平速度が±0.2km／h以内で、水平距離が±0.2%（水平速度30km／h以上、衛星捕捉数7個以上のとき）。

回は、20km／hのときと同様に、ダミーに接触した後に停止した。残る1回は、ダミーとの距離を50cmほど残して車両が停止した（**図3-10**）。

ダミーと接触せずに停止できたときは、歩行者ダミーの約11m手前から減速度が急激に高まった（**図3-11**）。これは、衝突の2.3秒前である。減速度の最大値は、止まる約6m手前で約13m／s^2（約1.33G）に達した。急ブレーキによって、運転者の背中がシートから離れて前のめりの姿勢になった。

ACC作動時は30m手前から減速

一方のACCをオンにした状態での試験は、約30km／hの車速で子供の歩行者を模したダミーに向けて試験車両を走らせた。車両の停止状態から30km／h以上になるまでの加速は運転者がアクセルペダルを踏んだ。30km／hを超えた

図3-10　手動運転時の緊急自動ブレーキ試験
30km／hの車速で歩行者ダミーに向けて車両を走らせた。2回実施した試験のうち1回は、ダミーの50cm手前で停止した。歩行者ダミーはユーロ・エヌキャップの仕様には準拠しないものを用意した。（写真：日経Automotive）

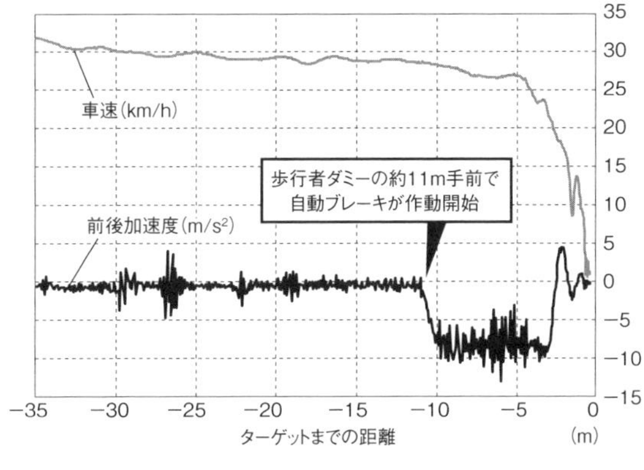

図3-11　運転者が操作下条件では衝突の約11m手前から急減速
図3-10の時の試験結果。速度と前後加速度（減速度）のデータを測定した。10m／s^{2}を超える減速度が発生し、急ブレーキがかかった。（作成：日経Automotive）

タイミングで30km／hで一定走行するようにACCを設定。設定後は、運転者はアクセル／ブレーキペダルから足を離す。操舵（そうだ）は運転者が行った。

結果は、歩行者ダミーの約4m手前で停止した（**図3-12**）。車両が減速を始めたのは30m手前で、衝突の6.1秒前だった（**図3-13**）。通常の緊急自動ブレーキの3倍の余裕を持って停止の準備を開始していた。減速度は最大で約6.3m／s^2（約0.64G）。減速開始から停止までの平均では3m／s^2（0.31G）を下回った。2回目の試験では、同4.15m手前で止まった。

運転者が前のめりになることはなく、ACCのオン／オフでテスラがブレーキ制御を変えていることを確認できた。ACC作動時はダミーに向けて緩やかに減速する運転で、歩行者に恐怖心を与えないほど安心できるものだった。

図3-12　ACC作動時は歩行者ダミーの4m手前で緩やかに停止
独自評価として、ACCを作動させた状態での自動ブレーキ性能を検証した。（写真：日経Automotive）

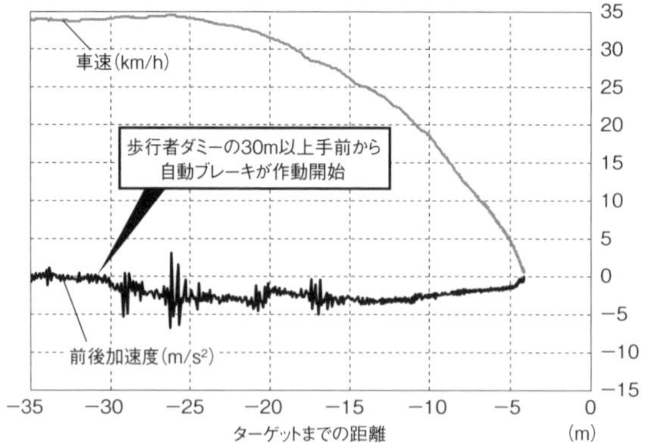

図3-13　ACC作動時は歩行者ダミーの30m以上手前から緩やかに減速を開始
図3-12の時の試験結果。減速開始から停止までの減速度は平均で3m／s^2以下だった。（作成：日経Automotive）

3-5
電池セルは「攻め」の配置でエネルギー密度高める

米テスラ（Tesla）「モデル3」のパワートレーンを分解して分かったのが、テスラの手堅さだった。他の自動車メーカーよりも先に一体型の駆動ユニットを採用しつつ、独自技術を盛り込んだ。インバーターや車載充電器には、炭化ケイ素（SiC）パワー半導体をふんだんに使う。一方で、電池パックは“交換式”の理想を捨て、愚直に容量を増やす方向に舵（かじ）を切った。

「派手さはないが、2代目ということもあり洗練された仕上がりだ」――。モデル3の電動パワートレーンの分解に協力した技術者はこう評価した。

分解したモデル3は「ロングレンジ（Long Range）」というグレードの車両。航続距離は「乗用車等の国際調和排出ガス・燃費試験法（WLTP）」モードで560kmと長い。前後輪にモーターを1個ずつ配置する4輪駆動（4WD）車で、システムの最高出力は307kW、最大トルクは510N・mである。

モーターは、インバーターや減速機などと一体化した電動駆動モジュール「e-アクスル（e-Axle）」として車両に搭載していた（**図3-14**）。米テスラ（Tesla）がe-アクスルを使い始めたのは2012年に発売した高級セダン「モデルS」からで、他社よりも早かった[注1)]。

注1）独フォルクスワーゲン（Volkswagen、VW）は、19年11月に量産を始めた電気自動車（EV）「ID.3」にe-アクスルを採用した。日産自動車やホンダなども、20年以降に発売する計画のEVにe-アクスルを搭載する計画である。

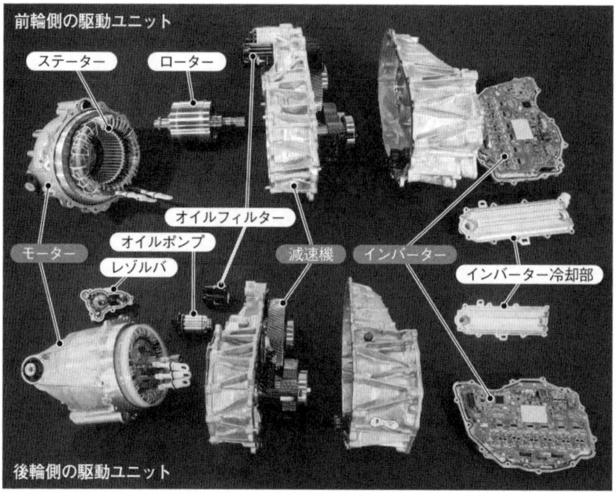

図3-14　駆動ユニットは前後輪共に一体型を採用
モデル3は、モーターとインバーター、減速機などを統合したe-アクスルを搭載していた。（写真：日経Automotive）

インバーターの質量を1/6に

今回、モデル3に搭載したe-アクスルは、テスラにとっては2代目となる。モーターとインバーター、減速機という基本構成は変えずに、小型軽量化と効率の向上を進めた。

大胆に刷新したのがインバーターだ（**図3-15**）。円筒形だったモデルSのイン

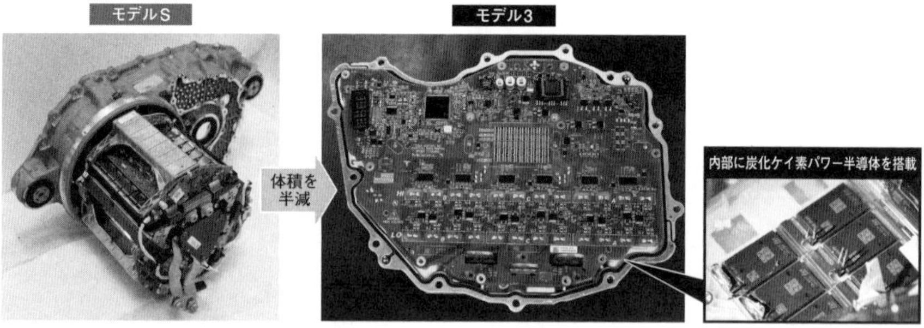

図3-15　インバーター構造は立体から平面に
モデルSでは円筒形の立体構造だったインバーターは、モデル3では平面構造に変更した。炭化ケイ素（SiC）パワー半導体を採用し、冷却構造を見直すことで大幅な小型軽量化を実現した。（写真：日経Automotive）

バーターは、減速機のカバーを含む質量が24.9kgと重かった。一方のモデル3のインバーターは3.9kgと軽い。体積も半減している。

小型軽量化できた要因の1つが、パワー半導体に電力損失が少ない炭化ケイ素（SiC）を採用したことだ。年産10万台を超える規模の量産車に炭化ケイ素を採用したのは、テスラが初めてとなる[注2)]。

テスラは、モデルSではシリコン（Si）の絶縁ゲートバイポーラトランジスタ（IGBT）を搭載していた。モデル3はトランジスタとダイオードの双方を炭化ケイ素としたフル炭化ケイ素（オール炭化ケイ素）のモジュールに変更した。

インバーターに搭載したパワー半導体の数は、モデルSは96個だったものを、モデル3では20個未満に減らせた[注3)]。炭化ケイ素モジュールは伊仏合弁STマイクロエレクトロニクス（STMicroelectronics）製である。

インバーターに炭化ケイ素パワー半導体を利用する上で欠かせないのが、放熱対策とコスト低減である。

パワー半導体には大電流を流すため、水冷に放熱機構が必須になる。テスラは今回、特殊な冷却フィンを用いた水冷機構を採用した（**図3-16**）。棒状のフィ

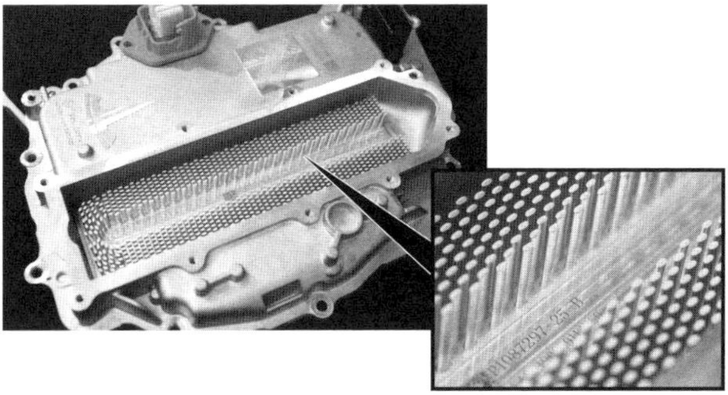

図3-16　炭化ケイ素モジュール向けの特殊な冷却フィン
モデル3のインバーターの水冷構造。冷却水を均一に分散させるために楕円形の冷却フィンを採用した。切削加工で削り出している。（写真：日経Automotive）

注2）炭化ケイ素パワー半導体を搭載した例としては、ホンダが16年に発売した燃料電池車（FCV）「クラリティフューエルセル」があるが、生産台数は極めて少ない。トヨタ自動車は20年からインバーターなどに炭化ケイ素を適用していく方針だったが、十分な量の炭化ケイ素ウエハー（基板）を確保できないことなどを理由に見送った。

注3）正確には、前輪用のインバーターは17モジュール、後輪用のインバーターは18モジュールを実装しているとみられる。最大で24枚搭載できるようにしていた。

ンに水を直接当てて冷却性能を強化した機構は、日産のEV「リーフ」も採用している。

モデル3で特殊なのがフィンの形状だ。「車載向けでは見たことがない」（ある部品メーカーのインバーター技術者）という、楕円形のフィンを採用した。楕円形にすることで、「冷却水を均一に分散させられるため効率的に放熱できる」（同技術者）という。

炭化ケイ素パワー半導体は、スイッチング損失が少ない利点がある一方で、ゲート電圧のサージ（急激な跳ね上がり）が発生するという課題がある。このため、低コストでサージを抑制することが求められる。

モデル3は、「ソフトスイッチング」という方式を使ってサージを抑制した。同方式は、インバーターや直流-直流（DC-DC）コンバーター回路中に、あえてインダクターやキャパシターを入れてその共振現象を積極的に利用し、穏やかに電圧と電流を遷移させるもの。直流の電源電圧を直接遮断・導通して交流化する「ハードスイッチング」方式に比べて、スイッチング時の損失を大幅に低減できる。

車載充電器も炭化ケイ素を採用

テスラのモデル3は、車載充電器にも炭化ケイ素パワー半導体を採用している（**図3-17**）。目的は、インバーターと同様に小型軽量化だ。

モデル3の車載充電器は、電池パックの後方上部に配置されていた。筐体（きょうたい）の内部には、充電時などの外部電源からの交流電力を直流に変換する交流-直流（AC-DC）変換部と、高電圧直流を12V直流に変換する降圧DC-DC変換部の機能を集約した。外形寸法は750×290×140mmで、質量は10.4kgだった。

モデルSの車載充電器にはAC-DC変換部のみを搭載していた。降圧DC-DCコンバーターは別途、フロントフード内に用意した。それにもかかわらず、車載充電器の質量は17kgあり、電池容量が大きいグレードの車両では2個搭載す

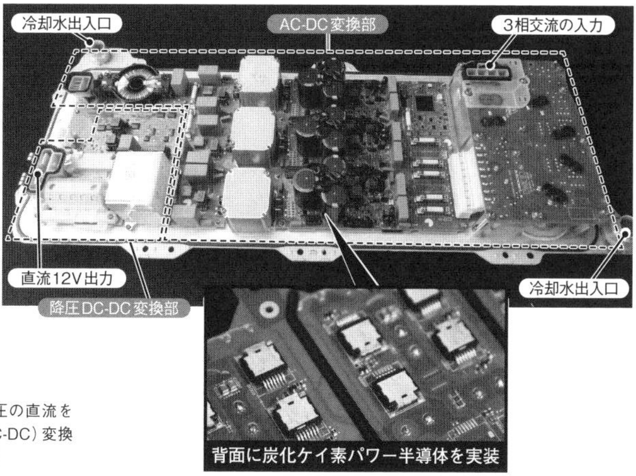

図3-17　モデル3の車載充電器
交流-直流（AC-DC）変換部と、高電圧の直流を12Vの直流に降圧する直流-直流（DC-DC）変換部を備える。（写真：日経Automotive）

る必要があった。つまり、モデル3の車載充電器は以前から1/3以上の軽量化を実現したことになる。

電池交換式システムは断念

炭化ケイ素を多用する最新手法を採用したインバーターや車載充電器とは対照的に、車載電池は現実解を追求した。分解によって、テスラが理想を捨てたことが分かった（**図3-18**）。モデル3は他社のEVと同様に、できるだけ多くの電池セルを敷き詰めるという愚直な手法を選択したのである。

テスラがモデル3の開発途中に断念したのが、電池交換式システムである。

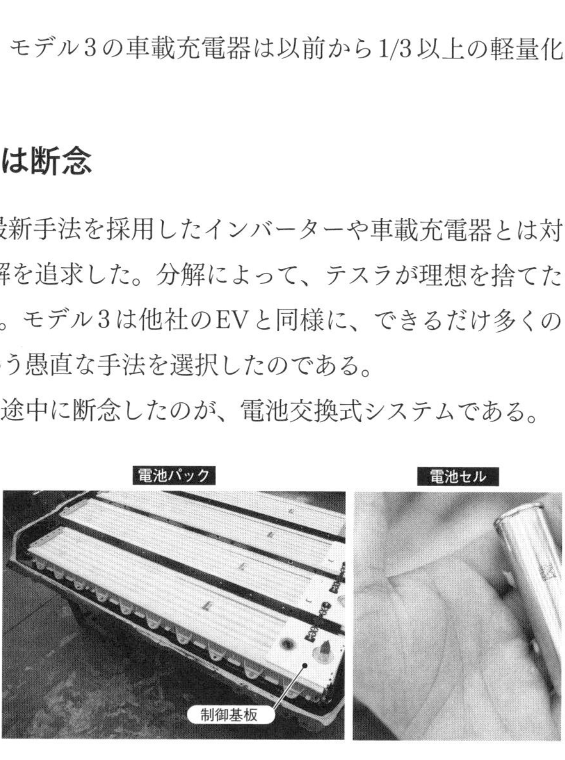

図3-18　モデル3のリチウムイオン電池パック
質量は451.5kg。4個の電池モジュールを搭載し、容量は75kWhである。電池モジュールは、1000本以上の円筒形電池セルで構成する。（写真：日経Automotive）

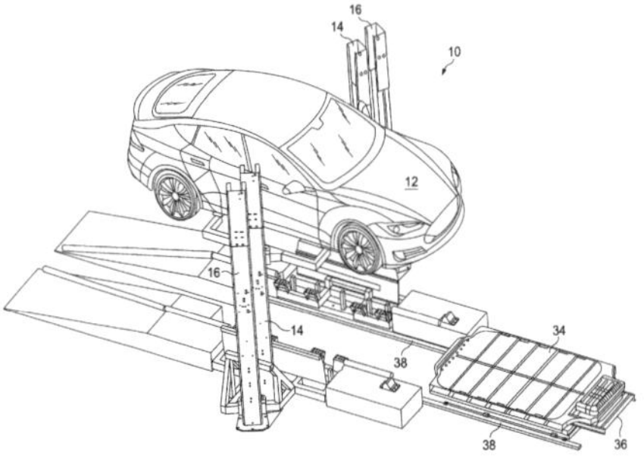

図3-19　電池交換システムに関するテスラの特許
車体を持ち上げて床下の電池を交換する。15年に出願し、17年に公開された。（出所：特許番号US 9688.252 B2）

「わずか90秒で電池を交換できる。ガソリン車を“満タン”にするよりも早い」――。テスラの最高経営責任者（CEO）であるイーロン・マスク（Elon Musk）氏が豪語し、開発中の電池交換システムを披露したのは13年6月のことだった。

マスク氏の前向きな姿勢を裏付けるように、モデル3との比較のために分解した15年式のモデルSは、電池交換式を前提にした電池パックの構造になっていた。

具体的には、電池パックを車体に固定する全てのボルトが、車体外部の床下に配置されていたのである。これなら、ロボットがボルトを取り外し、電池パックを自動で交換することが可能だ。

テスラはモデルSを発売した後も、15年に電池交換システムの特許を出願して17年に公開するなど、実用化に向けて意欲を示しているようだった（**図3-19**）。だが実際には、モデル3を発表した16年3月の時点で電池交換システムと距離を置くことを決めたとみられる。

テスラが方針を転換した証拠が、モデル3の分解時に出てきた6本のボルトだ。モデルSとは違い、モデル3は電池パックを床下からボルトで取り付けるだけではなく、車室内からも6本のボルトで固定していたのである。しかも、その6本のボルトにたどり着くには、シートや床下のカーペットなどを取り外さなければならなかった。

“攻めた”電池セルの配置で密度向上

電池交換システムに見切りをつけたテスラは、EV業界の正攻法で航続距離を確保する道を選んだ。

「かなり“攻めた”電池セルの敷き詰め方をしている」。モデル3の電池を分解した技術者はこう分析した。テスラの“攻め”を確認できるのは、車両側面の補強部材であるサイドシルと電池パックの距離だ。サイドシルと電池パックを離すのは、側面衝突の際に電池パックに衝撃エネルギーを伝えないようにするためである。

長さを測ったところ、モデル3は120mmしかなかった。独AVLの調査によると、独アウディ（Audi）のEV「eトロン（e-tron）」では同250mmだった[注4)]。中国のEVベンチャーである上海蔚来汽車（NIO）の多目的スポーツ車（SUV）「ES8」は同170mmである。

アウディの半分以下の空間で電池パックを守るため、テスラはサイドシルやセンターピラーなどに、引っ張り強さが980MPa級以上の高張力鋼板を採用した（3-6参照）。これにより、側面衝突時に電池パックや乗員室を変形させないようにした。

モデル3の電池パックの質量は451.5kg。容量は75kWhなので、質量エネルギー密度は約166Wh／kgと計算できる。電池セルはパナソニック製の円筒形で、直径21mm×長さ70mmのいわゆる「2170」セルである。セル数は約4400本で、ここから4個の電池モジュールを組み、最終的に電池パックに仕上げる[注5)]。

eトロンの電池パックの質量エネルギー密度は「140Wh／kg程度」（AVL）。電池モジュールの数は36個と多く、その分モジュールのケースや補強部材が必要になる。テスラのモデル3の方が、電池パックに占める電池セルの割合が高く、結果として高いエネルギー密度を実現できた。

注4）AVLは、19年10月下旬に千葉県浦安市で開催された自動車用電池のシンポジウム「国際先進自動車用電池会議アジア大会2019（Advanced Automotive Battery Conference Asia 2019、AABC Asia 2019）」で調査結果を発表した。

注5）モデルSとの比較でも、モデル3の進化がうかがえる。モデルSの電池パックの質量は586kgで、質量エネルギー密度は約145Wh／kgだった。電池セルはパナソニック製の円筒形。直径18mm×長さ65mmのいわゆる「18650」セルを、7000本近く搭載している。電池モジュールの数は16個。モデル3は電池セルを一回り大きくしつつモジュールの数を減らすことで、エネルギー密度を高めながら低コスト化を図った。

3-6
ボディー骨格には鋼板を採用し生産性向上とコスト低減両立

最後に、ボディー設計を見てみよう。米テスラ（Tesla）が、「モデル3」の市場投入で狙うのは、「量産メーカー」という地位の確立だ。その決意が如実に表れているのがボディーであり、軽量化よりも量産性やコスト低減を優先させた。販売価格を「3万5000ドルから」に抑えて年間50万台規模の量産を目指すため、高級セダン「モデルS」で多用したアルミニウム（Al）合金の採用は最小限にとどめている。

モデル3のボディーは、骨格に引っ張り強さが980MPa級以上の高張力鋼板を適用した（**図3-20**）。アルミニウム（Al）合金を使うのは外板が中心で、他の自動車メーカーのモノコックボディーと同様の思想で設計した。骨格に高張力鋼板を使うことで、ボディー骨格の質量増加をできるだけ抑えながら、衝突

図3-20　分解したモデル3のボディー
骨格には高張力鋼板を使う。アルミニウム（Al）合金は、外板を中心に適用した。（写真：日経Automotive）

安全に対応する。

ボディー全体を軽くするために、外板ではフロントフードや前後のフェンダー、前後左右のドア、荷室ドアにアルミ合金を使った。これらの部位にアルミ合金を適用したのは、モデルSと同じある。

一方、コストの増加を抑えながら全方向（前方、後方、側面）の衝突安全に対応するために、骨格にはアルミ合金を使わず、超高張力鋼板を適用した。前方衝突対応の面では、フロントフレームが高張力鋼板製である。

ただ、フロントサイドメンバーの先端は、アルミ合金製とした。前面衝突時にこの先端部分を変形させて、衝撃エネルギーを効率的に吸収するためである（図3-21）。

センターピラーやフロントピラー、サイドシル、ルーフレール、フロア・クロス・メンバーなどにも高張力鋼板を使った。側面衝突時に乗員室やリチウムイオン電池パックを変形させないためである。特に、高い強度が求められるセンターピラーなどには、引っ張り強さが1.5GPa級のホットスタンプ（熱間プレス材）を適用したとみられる。

後方衝突への対応では、車両後部（荷室部分）を緩やかに変形させて、衝撃エネルギーを吸収させる構造とした。そのため、荷室部分や荷室の周りを取

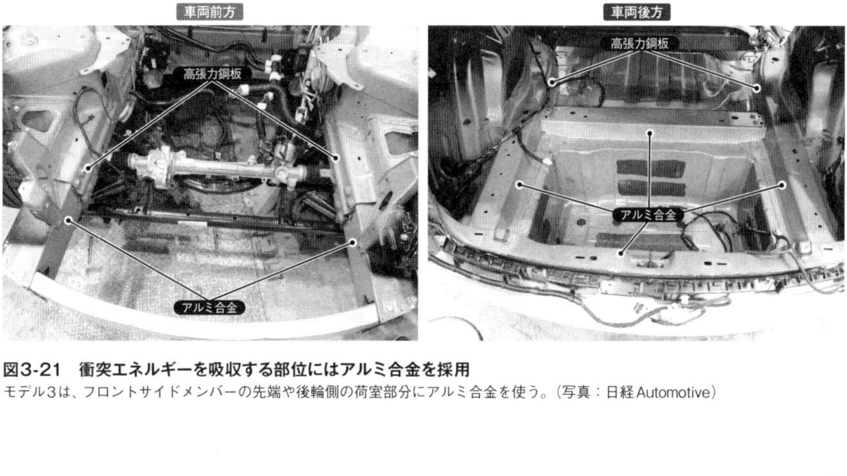

図3-21　衝突エネルギーを吸収する部位にはアルミ合金を採用
モデル3は、フロントサイドメンバーの先端や後輪側の荷室部分にアルミ合金を使う。（写真：日経Automotive）

り囲むフレーム部分をアルミ合金製とした。フロントフード下は空洞になっており、荷室として使える。そのため、車両の後部が重くなる。荷室部分にアルミ合金を使ったのは、車両質量の前後配分を50対50に近付ける狙いもある。

モデル3の床面の鋼板は、厚さが0.6mmと非常に薄い。電池パックを外した状態で人が乗ると、床面がたわんでしまうほどだ。駆動用のリチウムイオン電池パックを下から床面に密着させることで、電池パック側で床面の剛性と強度を確保するようにした。

一方のモデルSは、外装だけではなく、床面やピラーもアルミ合金板で構成する（**図3-22**）。唯一、センターピラーの室内側の構造材と外板の内側にある構造材は、側突対応で強度を確保するために高張力鋼板を採用していた。外板のアルミ合金板と室内側の構造材とはリベットで結合している。

軽量化の意識が高く、車両前方のラジエーターサポートにはマグネシウム（Mg）合金製の鋳造品が搭載されていた。車両剛性を高めるため、フロント側のストラット（サスペンションの上端部）は大型断面を備えるアルミ合金の押出材でつないだ上で、車室側の車体ともVの字にアルミ押出材のパイプを補強材として接続している。

図3-22　分解したモデルSのボディー
骨格や外板など、ほとんどの構成部材がアルミ合金製だった。唯一、センターピラーの内側は鋼板で、外側のアルミ合金板とリベットで結合していた。（写真：日経Automotive）

3-7
テスラ蓄電池説明会で見えた強さの源泉 航続距離54%増、単価56%減にメド

米テスラ（Tesla）が2020年9月に開催した蓄電池戦略の説明会「バッテリー・デー（Battery Day）」は大きな注目を集めた。そこからは、テスラの強さの源泉を見ることができる。それは、「リチウムイオン2次電池（LIB）の航続距離54%増、価格56%減にメド」とする発表。これが実現すれば、蓄電池や電気自動車（EV）業界にとっては大きな衝撃となる。しかも、その成否はパナソニックや韓国LG化学（LG Chem）など既存大手電池メーカーの将来をも左右しそうだ。

「期待外れ」――。それが、米テスラ（Tesla）が2020年9月に開催した同社のLiイオン2次電池（LIB）戦略説明会「バッテリー・デー（Battery Day）」に対して米国の株式投資家が持った最初の印象だったようだ。

理由の1つは、そもそも事前の期待が高まりすぎたからだ。テスラの最高経営責任者（CEO）のイーロン・マスク（Elon Musk）氏自身が自らのツイッターなどで、同社が開発する革新的な電池について幾つも情報を流したことで様々な噂や憶測が乱れ飛び、動画配信サイトの「YouTube」にはどのような発表があるかについて予測するチャンネルが多数生まれ、お祭り状態になった。

テスラの株価は20年6月末までは1株200米ドル足らずだったが、同年8月には最高約500米ドルにまで高騰。その後、いったん下がったもののバッテリー・デー直前には再び450米ドルにまで上がり、1企業の会見前にしては他に類をみないほど盛り上がった。

ところが、ふたを開けてみると事前のリーク情報とほぼ一致する内容はある

ものの、多くの投資家が期待した“LIBの性能を飛躍的に高める革新的技術”やその電池を使ったドローンなどについては言及がほとんどなく、大きくトーンダウンした印象を聴衆に与えた（**表3-2**）。

結果、2日ほどの間に株価は380米ドルまで下落した。

カイゼンを積み重ねて躍進

実際にはテスラは投資家が期待した内容とはやや異なる方向ながら、従来のLIB製造の常識をはるかに超える内容を発表した。蓄電池の量産技術に詳しい

表3-2　テスラの「バッテリー・デー」を巡る事前の噂の例と実際の発表内容（作成：日経エレクトロニクス）

事前の噂やリーク内容	出所	答え合わせ（バッテリー・デーでの言及の有無など）
LIBの内製化	テスラのリーク？	◎ 2022年に100GWh/年、2030年までに3TWh/年を独自に生産
電池を大型化	テスラのリーク？	◎ 4680サイズで容量5倍、エネルギー密度16%向上
電池のタブレス化	テスラのリーク？	◎ 部品点数削減とセル材料から電極までの最大距離を1/5に短縮して出力向上に貢献
テスラが2019年2月に買収した米マックスウェル・テクノロジーズの「ドライ電極」技術の採用	幾つかのメディア	◎ 製造装置の占有面積が1/10、製造コストも1/10に
電池、パワートレーンなどをプラットフォーム化して他社に提供	イーロン・マスク氏のツイッター	○ 将来的には他社に外販する可能性がある、と発表
エネルギー密度が400Wh/kg以上の電池を3~4年で量産へ	イーロン・マスク氏のツイッター	○ 試作的な生産は認めるも、量産時期には言及せず
中国CATLのLFP電池をコバルトフリー電池として大規模に採用	幾つかのメディア	△ CATLとのLFP電池とは別に、コバルトフリーの高容量正極技術を発表
電池の検査装置メーカーの米ノボニクスの買収	不明	△ ノボニクスには言及せず、独自に検査技術を開発したと発表
垂直離着陸（空飛ぶタクシー）の開発	幾つかのメディア	△ 400Wh/kgのLIBができればあり得る、と言及
リチウム採掘事業者のカナダ・サイプレス・ディベロップメント（Cypress Development）や同ピュア・エナジー・ミネラルズ（Pure Energy Minerals）、米ピードモント・リチウム（Piedmont Lithium）の買収または提携	幾つかのメディア	△ 各社には言及せず、独自に米ネバダ州のリチウム鉱山の採掘権を確保と発表
100万マイル電池（充放電サイクルが4000回超のLIB）の採用	CATLが米メディアに語り、テスラもその話に関係していると噂された	△ LFP電池は主にコスト削減策として言及
負極向けシリコンナノワイヤー技術を持つ米アンプリウス・テクノロジーズ（Amprius Technologies）の買収または提携（これで400～500Wh/kg）	テスラの米フリーモント工場に隣接する区画にアンプリウス・テクノロジーズが拠点を構えたことに対する評論家の憶測	× シリコンナノワイヤー技術は超高コストと否定し、テスラ独自のシリコン負極技術でエネルギー密度を20%増と発表

◎：ほぼ的中　○：一部は整合的　△：直接の言及はなし（矛盾はせず）　×：否定

CATL：中国・寧徳時代新能源科技　LIB：Liイオン2次電池　LFP：Liリン酸鉄

人にとっては今回の発表は十分に衝撃的だったはずだ。

取り組みの1つ1つは既存の技術、あるいはそれを独自に改良した地味な“カイゼン”だといえる。同社はこれまでもそれを繰り返してきている（コラム「テスラ モデルS／モデル3からみる電池の進化」参照）。ただし、今回はそれをLIBの材料の調達、製造プロセス、負極や正極、そしてパッケージ技術とほとんどの要素技術で実行して積み重ね、しかもそれらをほぼ3つの目的実現に向けて統合的にまとめ上げた。

3つの目的とは、(1) これまでにないスケールでの量産、(2) 新電池を積んだEVの航続距離の大幅伸長、(3) 電池1kWh当たりの単価の大幅削減――だ。

2013年の100倍の量産規模へ

(1) について、テスラはバッテリー・デーの冒頭で「電力だけではなく、1次エネルギーに使われている化石燃料すべてを再生可能エネルギーで代替するには蓄電池を20T～25TWh／年の規模で15～25年生産し続ける必要がある」（マスク氏）と指摘（**図3-23**）。そのための30年までの目標としてLIBを3TWh／年規模で自ら製造することを挙げた。既にパイロット生産を始めており、1年以内に10GWh／年、22年には100GWh／年、そして30年までには3TWh／

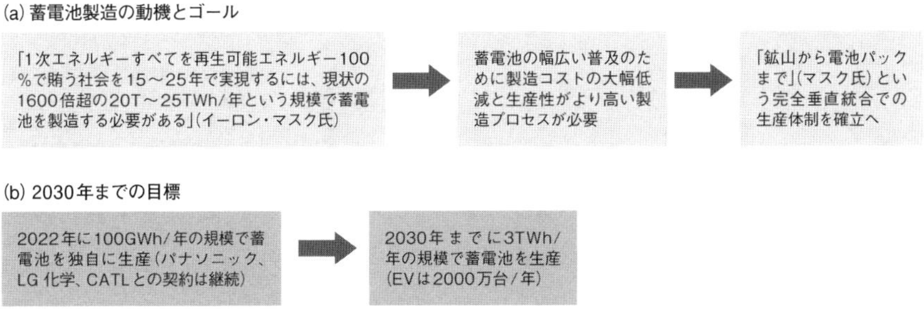

図3-23　目指すは1600倍の生産規模
テスラがバッテリー・デーで説明した、蓄電池の内製を進める背景や動機。再生可能エネルギーを電力だけではなく熱や動力などのエネルギーとして使うには、大量の蓄電池が必要（a）。そのためには蓄電池のコストを大幅に下げる必要があるが、最近の価格低下の勢いは鈍っている。その現状を打破するためにテスラ自身が価格低下を牽引していくのだという。同社の30年までの目標は3TWh/年の生産規模だ（b）。（作成：日経エレクトロニクス）

年という量産のロードマップを描く。「30年より前倒しできる可能性さえある」（マスク氏）。

テスラは13年の時点で世界全体の蓄電池の生産規模に並ぶ32GWhのLIBをパナソニックと共同で生産する目標を発表して世界を驚かせた。今回は完全内製にした上でその生産規模をさらに100倍に拡大する方針を打ち出したわけだ[注1)]。協業する電池メーカーがテスラに向ける現行の生産規模は150GWh/年なので、3TWh／年はその20倍ともいえる。

距離と単価を共に5割超改善

ただし、単に生産規模を増やすだけではない。LIBやそれを用いたEVを世界に普及させるにはLIBの性能を引き上げると同時に、単価を大きく引き下げる必要がある。マスク氏は、このまま他社にLIBを生産させていたのではその早期実現が難しいため、自ら内製、しかもリチウム（Li）などの原料採掘から電池パックまでのほぼ完全な垂直統合型での内製を実現することで、現状の打開を図っていくとした。

具体的には、(2) の航続距離については従来比で54%増やし、同時に (3) の蓄電池の単価を同56%減らすことにメドを付けたとする（**図3-24**）。現状の

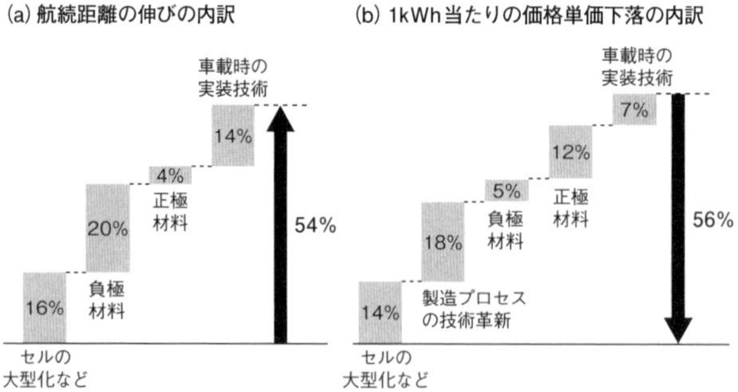

図3-24　航続距離は54%増、価格単価は56%減へ
テスラが電池の内製技術で目指す航続距離と価格単価。航続距離は54%増（a)、価格単価は56%減（b）にメドがついたとする。航続距離の改善で大きく寄与するのは新しい負極材料の採用やセルの大型化など。価格単価下落は製造プロセスやセルの大型化、新しい正極材料の採用などの寄与が大きいという。（テスラの図を基に日経エレクトロニクスが作成）

注1）3TWh／年の蓄電池生産時のテスラのEV生産台数は2000万台／年。これまでのEV懐疑論の1つに、EVでガソリン車を代替するには蓄電池の量産がまるで追いつかないことを根拠にしたものがあったが、今回の発表はそうした懐疑論を一蹴する内容になった。

パイロット生産では歩留まりなどに課題があるというが、その速やかな解決にも自信があるとする。

航続距離が54%増ということは現行の約500kmが約770kmになることを意味する。LIBの技術開発でこれだけの性能向上とコスト削減を一気に実現した例は過去にほとんどない。これまでは性能が10%向上すれば大きな成果といわれた。

大型化と急速充電を両立

今回の性能向上やコスト削減を実現する技術の1つが、LIBのセルの大型化だ（**図3-25**）。直径21mm×長さ70mmの現状の「2170」セルを一気に容量が5倍超の直径46mm×長さ80mmの「4680」セルにする。

セルを大型化するとセル筐体（きょうたい）などが占める割合が減り、それだけでエネルギー密度を高められる。しかしその一方で、単純な大型化では電気抵抗値が高まり、急速充電時の発熱が著しく増大してしまう課題がある。

テスラはこれを解決するため、電流を取り出すタブに代えて、電池の側面全

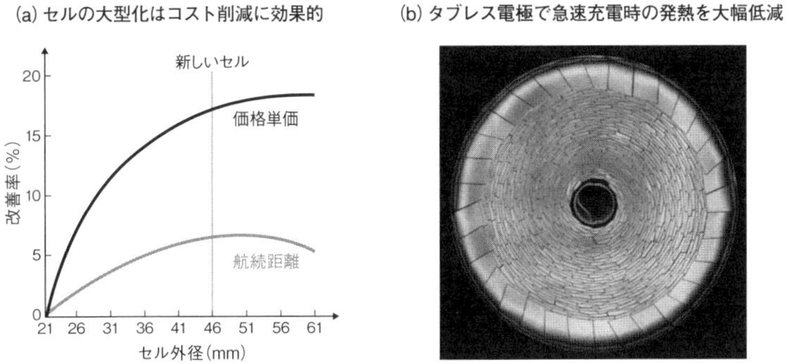

図3-25　セルの大型化とタブレス化でエネルギー密度16%増と出力6倍を実現
テスラは、セルの大型化が蓄電池パックの価格単価の引き下げに非常に有効だとする（a）。航続距離も7ポイントほど改善する。一方で、セルを単純に大型化すると電極材料から集電体までのキャリアの移動距離が長くなり、急速充電時の発熱が大きく増える課題があった。テスラはタブの代わりにセルシートの一方の側面全部を集電体にする技術で、キャリアの移動距離を従来の最大250mmから同50mmと1／5にした（b）。これで、放電時の出力は発熱を増やすことなく6倍に高まったとする。（図・写真：テスラ）

体をタブ代わりに利用する構造を採用した。これで出力密度を従来の6倍に高められ、発熱問題を解消したとする。発熱が小さければ電池のパッケージや冷却システムを簡素化でき、航続距離を伸長できる。テスラはこれによって航続距離が従来比で16%伸び、電池パックの製造コストが従来比で14%減になるとする。

電極形成工程を大幅に簡素化

次のカイゼンが製造プロセスについてだ。最も大きな変更はLIBの電極形成に「ドライ電極（Dry Electrode）」という技術を採用して電極の活物質の粉末を集電体シート上に溶媒を使わずに成膜するようにした点だとする（**図3-26**）。

テスラは基になる技術を19年2月に約230億円で買収した米マックスウェル・テクノロジーズ（Maxwell Technologies）から得た。ただし、買ってきた技術そのままではなく、「量産性を高めるため独自に大幅に手を加えた」（マスク氏）という。

従来一般的だった電極形成プロセスでは、活物質粉末を溶媒に分散させた

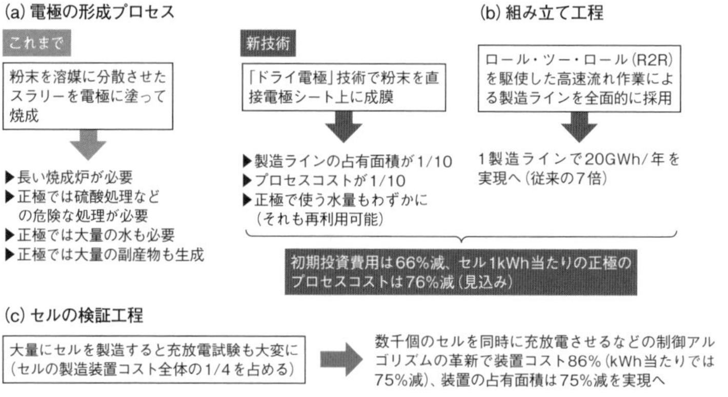

図3-26　製造プロセスを大幅に効率化し7倍の生産性実現へ
従来比18%分の製造単価削減を実現する、製造プロセスの大幅な効率化の詳細。買収したマックスウェル・テクノロジーズの技術「ドライ電極（Dry Electrode）」を基に製造プロセスを大幅に簡素化し、正極では76%のプロセスコスト減と、セル全体の生産性7倍を実現。製造装置コストの1／4を占めていた充放電検証工程もkWh当たりのコストおよび装置の占有面積を従来比で1／4に圧縮した。（作成：日経エレクトロニクス）

“スラリー（泥）”を集電体シート上に塗布後、焼成する。この焼成過程には時間がかかり、装置も非常に大きくなる課題があった。今回のドライ電極技術によって「装置の占有面積は1／10、プロセスコストも1／10になった」（マスク氏）という。

また正極で一般的だった大量の硫酸と水などを用いた処理工程を、わずかな水だけを使うプロセスに変えた。その水も再利用する。これによって大幅に製造プロセスが簡素化した。ニッケル（Ni）など正極活物質の利用率も大幅に向上したという。

製造ラインを「高速道路に」

さらには、製造プロセス上の幾つかのボトルネックが解消したことで製造プロセス全体にロール・ツー・ロール（R2R）など高速の流れ作業を導入できるようになった。「すべて高速道路。街乗り部分はない」（マスク氏）。結果、1製造ラインで20GWh／年の生産性にメドを付けたという。これは従来の7倍で、初期投資費用は66％減、正極に限れば製造コストは76％減になる見込みとする。「量産性が2倍になれば工場が2つあるのと同じになる。長期的には量産性の高さが競争上も非常に重要になる。我々は世界で最高のメーカーになることを目指す」（マスク氏）。

最後のボトルネックも解消

ただし、LIBを1製造ラインで高速に製造できるようになると次の課題が出てくる。それはLIBの製造で必須となる、電池の組み立てが終わった後に充放電に異常がないかどうかを検証するプロセスだ。日本のLIBメーカーの中にはこの検証プロセスに1～2週間かけている例もある。製造が高速になる分、検証プロセスも高速化しなければせっかくの“高速道路”の出口で“大渋滞”が起こりかねない。かといってこの検証プロセスを軽んじれば、利用シーンでの発火事故などが頻発し、社会問題になりかねない。テスラは現状でも製造コストの1／4がこの検証プロセスのコストであるとした。

今回テスラは、この検証プロセスには数千個のセルを同時に充放電させるなどの新たな管理手法を導入することで、検証用装置の占有面積とコストを共に75％減、つまり1／4に圧縮することにメドを付けたと発表した。セル容積を約5倍超に大型化したことも寄与したかもしれない。

リチウムの採掘で供給不安なし

半導体では製造の水平分業が大きく進んだが、マスク氏はこれとは逆に蓄電池製造で垂直統合への回帰を強力に推進する。それも中途半端ではなく、「“鉱山（Mine）”から電池パックまで」（マスク氏）という究極の垂直統合で、「今後この業界のモデルになる」（同氏）とさえいうのである。

具体的には、米国ネバダ州の“リチウム（Li）鉱山”、実際には砂漠の中の干上がった湖の泥からリチウムを採掘する権利を得たと発表した。リチウムの採掘といえばこれまでは南米の塩湖またはオーストラリアとされていたが、「実は米国内での埋蔵量もかなり多い。我々の“鉱山”の面積は1万エーカー（約40km^2）超と広大で、我々が必要とするリチウムはすべて賄える。地球ってスゲー（the Earth is crazy）」（マスク氏）。

地産地消も推進

テスラはニッケル（Ni）など他の主要材料も北米大陸内から調達する方針。リチウムの精製や正極製造のための工場は、材料の移動を最小限にするために米国のほぼ中央に位置するオクラホマ州に建設することを検討しているとする（**図3-27**）。

これでリチウムの移動距離は80％減る。リチウムの精製プロセスも硫黄（S）フリーのプロセスを選び、コストを33％削減。こうした製造プロセスのカイゼンを合わせると、従来の電池パックの製造コスト全体に対しては18％分のコスト低減になるという。

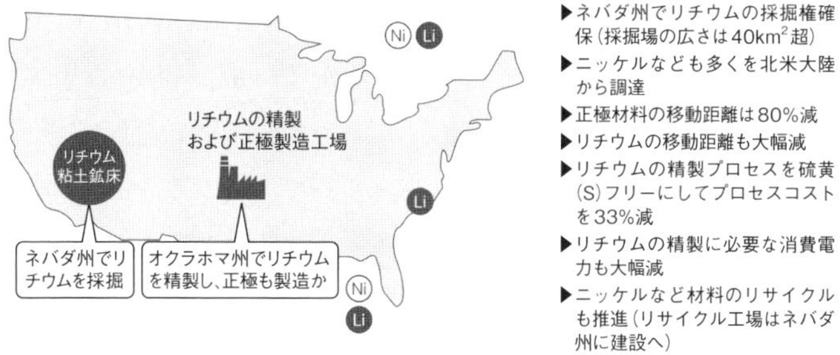

図3-27　蓄電池の主要材料で“地産地消”を目指す
テスラは蓄電池のリチウムやニッケルといった主要材料を、米国内または北米内で調達していく方針。リチウムの精製工場や正極製造工場を米国の地理的な中心であるオクラホマ州付近に建設し、材料の移動距離を最短化するという。リチウムはネバダ州で採掘権を獲得。また、その精製に硫黄フリーの新技術を用いることで、プロセスコストを33％減らせるという。（テスラの図を基に日経エレクトロニクスが作成）

シリコン負極技術に外野が大注目

LIBの性能向上に対する取り組みで今最も脚光を浴びているのは負極にシリコン（Si）を用いる技術といえる。正極は既に様々な材料が試され、今後の伸びしろが限られている。一方で、負極はこれまで電流容量の小さい黒鉛が主要材料だった。これを高容量のシリコンに置き換えていくことでセルのエネルギー密度を最大2倍近くに増やせる可能性があるからだ。

もっとも、既に多くの高エネルギー密度のLIBの負極には、シリコンがある程度までの割合で混ぜられている。シリコンの比率を50％前後まで高めた例もある。ただ、それを超えると充放電に伴ってシリコンが大きく膨張収縮を繰り返し、電極構造が崩壊する課題が依然として立ちはだかっている。

今回のバッテリー・デーが事前に尋常でない盛り上がりを見せたのもこのシリコン負極技術に関係があるといえる。その話題の中心にいたのがベンチャーである米アンプリウス・テクノロジーズ（Amprius Technologies）だった。同社のシリコン負極は「シリコンナノワイヤー」と呼ばれる、絨毯状のシリコンを使うことで100％近いシリコンと長い充放電サイクル寿命を両立したとする。同社が実現したとするエネルギー密度は約500Wh／kgと高い。

この企業がテスラの米フリーモント工場に隣接する区画に拠点を構え、しかもマスク氏が20年8月にツイッターで「エネルギー密度が400Wh／kgで、かつ充放電サイクル寿命が長い電池もたぶんあと3～4年で量産できそうだ」とツイートしたために、テスラはバッテリー・デーでアンプリウスとの協業や買収を発表するのではないかという憶測が投資家やアナリストなどに広がった。加えて、400Wh／kgはドローンなど飛行体にとって用途が大きく広がる目安となる値であるために、テスラはドローンや空飛ぶタクシー〔垂直離着陸（VTOL)〕の開発も発表するのではないかという噂が広がった。

注目のシリコン負極技術に落第点

ところが、バッテリー・デーでの発表はそのいずれもなく、憶測のほとんどが見事に外れた。テスラはバッテリー・デーでシリコンナノワイヤー技術に言及こそしたものの、それはむしろ落第点を付けるためだった（**図3-28**）。

マスク氏によれば、シリコンナノワイヤー技術は化学的気相成長法（CVD）という高価なプロセスを使うために、量産性が低く、製造コストは100米ドル

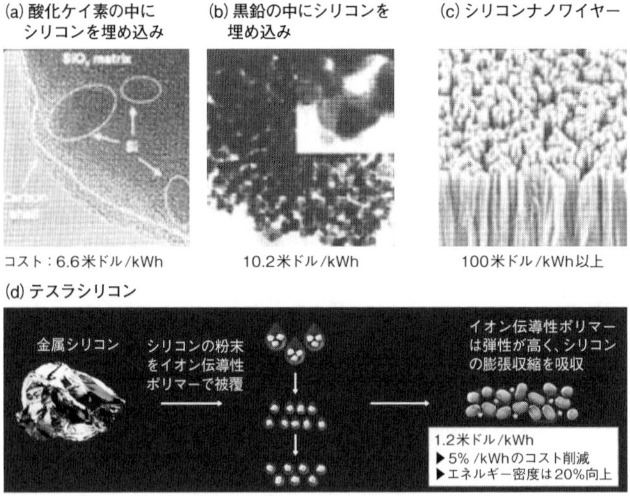

図3-28　コスト1／6以下のシリコン負極技術を採用
これまでの典型的なシリコン負極技術の例（a～c）とテスラが開発、採用する技術「テスラシリコン（Tesla Silicon）」（d）。（a～c）は材料や構造などを工夫して充放電時のシリコンの膨張収縮の影響を抑制する技術だが、シリコンを高い技術で加工することで結果として高価になってしまう。特に、シリコンナノワイヤー技術は非常に高コストだ。一方、テスラシリコンは金属シリコンを粉末にする以外はコストがかからず、（a）の酸化ケイ素（SiO_x）にシリコンを埋め込む技術に比べて約1／6のコストで済む。（写真・図：テスラ）

／kWh以上と猛烈に高い。それ以外の既存のシリコン負極技術も「高度な材料エンジニアリング技術を使うが故に高コストだ」（同氏）と切り捨てた。

代わりに、マスク氏は独自開発した、シリコンの微粒子をリチウムイオン伝導性ポリマーで被覆する技術「テスラシリコン（Tesla Silicon）」を発表した。これなら、材料の加工は最小限で、電極の製造コストも1.2米ドル／kWhと非常に低くて済むとする。これはシリコン負極として現在主流の一酸化ケイ素／シリコン（SiO／Si）複合材料の約1／6という安さだ。CVDなどは使わず量産性も高いという。

全固体電池の技術を流用

リチウムイオン伝導性材料は、全固体電池の電解質向けに最近様々な材料が開発されている。これを、電解液を使うLIBの電極活物質の被覆に用いることが最近のトレンドになっている。電子の移動を助ける導電助剤ならぬ、「導イオン助剤」というわけだ。ただ、これまでの多くは酸化物系のリチウムイオン伝導材料が主に正極に使われていた。テスラは負極にこのアイデアを適用し、しかも材料として弾性の高いポリマーを選んだ。リチウムイオンの伝導性確保とシリコンの機械的な膨張収縮を吸収して電極の崩壊を防ぐ一石二鳥の技術になる。

コスト低減を最優先に

ただし、現状ではポリマーが一定の体積や質量を占めるためか、このシリコン負極の採用によるセルのエネルギー密度向上は「20%」（マスク氏）と限定的だ。これまでのパナソニックのセルが270Wh／kg超とみられるため、セルの大型化の効果と合わせて340Wh／kg前後を達成した可能性があるが、400Wh／kgの実現からは距離がある。マスク氏は当面の現実解として、飛躍的な性能向上よりも低コスト化を優先させたといえる。

テスラによればこのシリコン負極技術の採用による、従来の電池パックに対する製造コスト低減効果は1kWh当たり5%。エネルギー密度を高めながらコストを多少なりとも下げたことに同社の技術力がうかがえる。

ツイッターで触れた400Wh／kgの技術やドローンについてバッテリー・デー
最後のQ＆Aタイムで会場から質問されたマスク氏は、「400Wh／kgのセルも限定的な生産を始めている」と認めたものの、それ以上の詳細は語らなかった。

ニッケルの高比率とコバルトフリーを両立

テスラは正極材料の新技術についても発表した。コバルト（Co）フリーの高容量正極である（**図3-29**）。高容量密度の正極材料は大きく2種類に分かれる。ニッケル（Ni）-マンガン（Mn）-コバルト（Co）のNMC系とにニッケル（Ni）-コバルト（Co）-アルミニウム（Al）のNCA系の2種類だ。ただ、それぞれで組成比は可変である。

当初、テスラはパナソニックのNCA系正極のLIBを使っていたが、途中から韓国LG化学（LG Chem）のNMC系正極のLIBも採用。そして、次第にニッケルの比率を高めると同時にコバルトの比率を小さくしてきた。当初はコバル

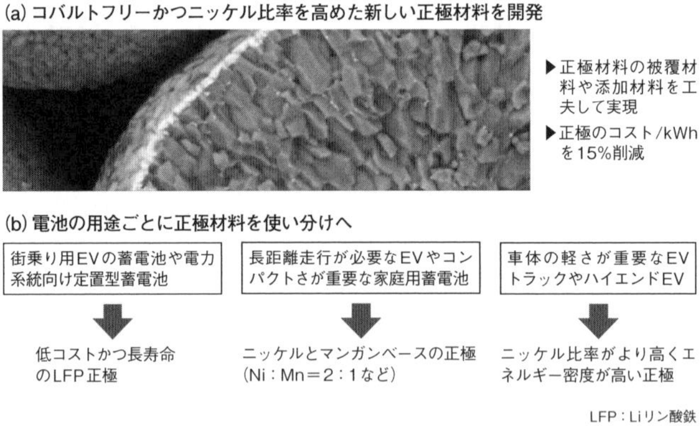

図3-29　3種類のコバルトフリー正極を使い分けへ
テスラが開発したコバルトフリーのニッケル - マンガン（Ni-Mn）系正極材料の顕微鏡写真（a）。ニッケルとマンガンの比率は変えられるもようだ。ただし、街乗り用EVや定置型蓄電池など高エネルギー密度を要求されない用途では、リチウムリン酸鉄（LFP）正極を用いる。航続距離の長さが重要なEVは、Ni：Mn＝2：1の比率の正極、よりハイエンドなEVなどではニッケルの比率がより高い正極を用いる計画である。（写真：テスラ、図・文字：日経エレクトロニクス）

トの比率が組成比で33％などだったが、19年のEV「モデル3」ではコバルトの組成を5％にまで下げたLIBを用いていた[1)]。この時点で既にコバルトフリーまであと一歩のところまで来ていたわけだ。

一般にニッケルの比率が高いほど容量密度は高い。ただ、コバルトの比率を小さくすると何か工夫をしない限り、安定性や信頼性が低下する傾向にある。一方でコバルトは材料価格が高く、主要な産出地であるコンゴ共和国で、採掘に児童が動員されているという指摘があり、その利用には批判の声が年々高まっている。テスラにとってコバルトフリーにするのはこうした批判をかわすと同時にコスト削減もできる一石二鳥の手になる。

NMCからコバルトを除去した材料はスピネル型マンガン系と呼ばれる。4～5Vと高電位であり、容量密度が高い一方で安定性の確保が課題だった。20年には韓国のベンチャー企業トップバッテリー（TopBattery）がニッケルとマンガンの比率が1：3の同材料を開発したと発表したが、今回マスク氏はニッケルとマンガンの比率の例を2：1であるとした。ニッケルの高比率とコバルトフリーを両立させた格好だ。

今のところテスラは新正極材料の安定性については何も述べていないが、仮に安定性がトップバッテリーと同水準であれば、テスラの開発に軍配が上がる。また、テスラは新正極材料の採用で電池パック全体としてのコストは12％減になるとする。

街乗り用EVはLFPで割り切り

ただし、テスラはこの新正極材料をオプションの1つと位置付ける。容量密度が高くても価格や安定性のトレードオフは残ることから、蓄電池を大きく3種類の用途で分け、それぞれで異なる正極材料を使い分ける方針だ（図3-29）。

具体的には、街乗り用EV向け蓄電池や電力系統の安定化目的の大型定置型蓄電池には、オリビン型リチウムリン酸鉄（LFP）正極を用いる。この正極を用いたLIBは既に、中国・寧徳時代新能源科技（CATL）から調達する方針を発表している。LFP正極は容量密度が低いものの、材料価格が安く充放電サイクル寿命は非常に長い。EVの幅広い普及を狙った戦略的な選択といえる。

一方、タクシーなど長距離走行が求められるEVやコンパクトさが必要な家庭用蓄電池には、今回発表したニッケル-マンガン系正極を用いる模様だ。そして、貨物の運搬能力で勝負する大型EVトラック「テスラセミ（Tesla Semi）」やスポーツカー並みの性能を備えた小型トラック「テスラサイバートラック（Tesla Cybertruck）」などには、容量密度の高さ、つまり電池の軽さを優先してニッケル比率のより高い正極を用いる。テスラは3年以内に価格が2万5000米ドルのEVを量産、発売することも発表した。それがこれら正極のいずれを使うかは明らかにしていない。

航空機の技術にヒント

バッテリー・デーの締めくくりになったのが、これらの電池を収めるEVの車両についての新技術である。

マスク氏は、航空機の主翼の進化にヒントを得て車両の設計を刷新したとする。具体的には、航空機の主翼は、以前はその空洞部分に燃料タンクを設置していた。ところが最近はタンクを使わず、主翼の空洞部分自体をタンクとして用いており、燃料の積載量を増やしている。

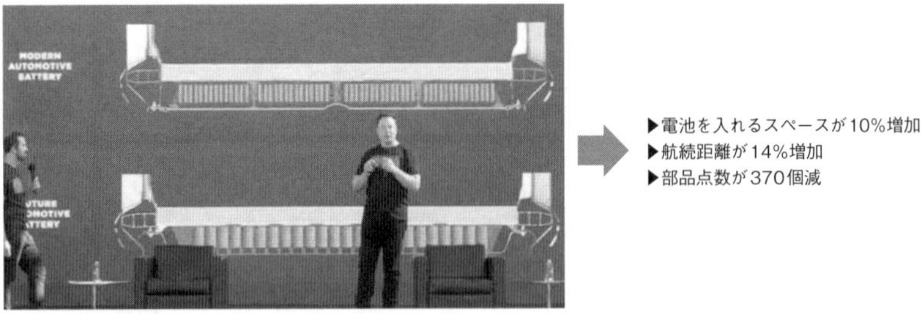

図3-30　車両のフレームの一部を電池パックに合わせて設計
車両の電池格納用筐体を電池パックに合わせた設計にすることで、格納できる電池を10%増やし、部品点数も減らす。これにより航続距離を14%延ばせるという。（写真：テスラ）

テスラの新たなEVも、電池を収める部分の筐体（きょうたい）を新たに設計し直し、不要な空隙や部品を大幅に減らしたという（**図3-30**）。これにより、電池パックとしての製造コストは従来比で7％減、逆に航続距離は14％増えたという。

電池価格下落を10年前倒し

こうした要素技術のカイゼンや独自開発を積み重ねることでの電池パックのコスト低減幅は計56％減だ。

テスラはこれらの新技術は25年頃の電池にはほぼ反映されるとしている（**図3-31**）。現行の電池パックの価格は135～150米ドル／kWhとみられる。つまり、25年頃に約60～65米ドル／kWhのLIBが登場してくる可能性があるわけだ。これは従来のLIBの価格下落の見通しを10年近く前倒しすることになる。この衝撃を投資家が理解していれば、バッテリー・デー直後のテスラの株価下落はなかったかもしれない。

図3-31　電池のコストは25年にも現在の6割減の60米ドル／kWh台へ
車載用蓄電池の価格単価の推移と今後の予測。点線はテスラが蓄電池の内製に踏み切らない場合。今回のテスラの計画によって、25年頃には蓄電池の価格単価は現在の1／2以下になるとする。現在の価格単価は135～150米ドル／kWhとみられるため、25年頃には60～65米ドル／kWhに下がることになる。（図：テスラの資料を基に日経エレクトロニクスが作成）

参考文献
1）日経BP総合研究所　クリーンテック　ラボ、日経クロステック監修、「テスラ『モデル3／モデルS』徹底分解【電池編】」、日経BP、2020年3月.

column

テスラ モデルS／モデル3にみる電池の進化

日経クロステックは、日経BP総合研究所と共同で2019年夏から20年3月にかけて、米テスラ(Tesla)として初の量産車「モデルS」と、本格的な大量生産モデル「モデル3」を分解し、分析した。対象としたのは、14年製造の「モデルS85」と、19年製造の「モデル3ロングレンジ(Long Range)」である。以下では、この分析を通して見えてきた電池関連の結果をまとめた。

【電池パックの構造】

リチウムイオン2次電池(LIB)パックについては、モデルSでは床下からボルトを抜くだけで、電池パックの脱着が可能だった。一方、モデル3では床下からボルトで取り付けるだけではなく、車室内から電池パックに対してボルト6本で固定していた(**図A、B**)。

そのため、電池交換時には車室内の部品を取り外して作業する必要がある。かつてテスラは、充電時間をなくすため、電池パックを丸ごと交換するという構想を持っていた。しかしモデル3では、完全にそれを捨てたとみられる。

さらにモデル3では、電池パックを取り外すと、車室の床は薄い鋼板が張られただけだった。電池パックに車体の剛性を向上させるための構造体としての役割を担わせていると考えられる。

【電池モジュールの構造】

電池モジュールに関しては、モデルSでは1モジュールは434本としていたが、モデル3では5倍に当たる2100～2300本程度に変更している。結果として、搭載するモジュールの数が16(分解したS85の場合)から4と大幅に減った。

電池モジュールへのセルの搭載については、モデルSでは上下に電極板を配置し、セルの両端からワイヤーで接続していたが、モデル3では下面にのみ電極板を配置し、セルの下面の端部のフタの部分とケースの部分からそれぞれワイヤーで接続する方式に変更していた。そのため、絶縁シートも、モデルSでは電池パックの上面と下面に配置していたのに対し、モデル3では下面のみとなっていた。こう

(a) モデルSの電池パック搭載位置

(b) モデルSの電池パックの外観

(c) モデルSの電池パックの内部

(d) モデルSの電池モジュール

図A　円筒形電池「18650」を利用するモデルS

モデルSでは車両の下部に電池パックを収納する(a)。電池パックはボルトを下面から抜くことで取り外すことが可能である(b)。電池パック内には直径18mm×長さ65mmの「18650」と呼ぶ円筒形電池を434本まとめたモジュールを多数搭載する(c)。電池モジュール内の電池は、電極となるプレートに挟まれ、樹脂で相互に接着されていた(d)。(写真：日経クロステック)

した工夫により、製造の自動化度を向上させているとみられる。

【セルの構造】

セルは、モデルSでは、ノートパソコンなどに使われていた直径18mm×長さ65mmの「18650」と呼ぶ円筒形のセルが搭載されていた。一方、モデル3では、電気自動車（EV）向けに生産している直径21mm×長さ70mmの「21700（または2170）」と呼ぶサイズアップした電池に変更されていた。

セルの重さはサイズアップに伴い、47gから69gに増大した。体積当たりの電池の製造コストを下げ、搭載本数を減らすことで製造効率を上げたのだろう。セルを分解したところ、モデル3では正極が全長866mm、負極が全長965mm、モデルSでは正極が全長667mm、負極が全長737mmだった。

【セルの組成】

セルを構成する部材の組成も調べた。正極の集電体は、モデルS、モデル3共に鉄（Fe）を添加したアルミニウム（Al）合金だった。活物質は、パナソニックが得意とする、リチウム - ニッケル - コバルト - アルミニウム - 酸素（Li-Ni-Co-Al-O）などから成る、いわゆるNCA系をモデルS、モデル3の両方で採用していた。

ただし、モデル3ではモデルSに比べてニッケルの比率が高まっていた。コバルトを減らしていく狙いがあるものとみられる。蛍光X線分析法（XRF）を用いて調査した結果、ニッケル比率はモデルSのセルで8割以上、モデル3では9割以上を占めた。

NCA系は高容量な半面、安全性に対して不安視する声があり、多くの電池メーカーはニッケル - マンガン - コバルト（Ni-Mn-Co、NMC）系を採用しているところが多い。テスラとパナソニックは、電池モジュールを水冷化して温度管理を徹底していること、1個当たりの容量が小さい円筒形セルを多数用いることで、安全性を担保できると判断しているとみられる。

負極の活物質は、モデルSでは黒鉛だったが、モデル3では黒鉛に酸化ケイ素（SiO）を添加していた。なお、負極の集電体はいずれも銅（Cu）だった。

(a) モデル3の電池パック搭載位置

(b) モデル3の電池パックの外観

(c) モデル3の電池パックの内部

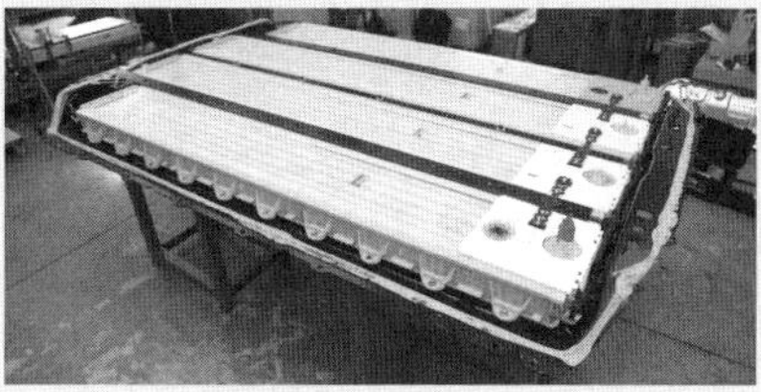

(d) モデル3の電池モジュール

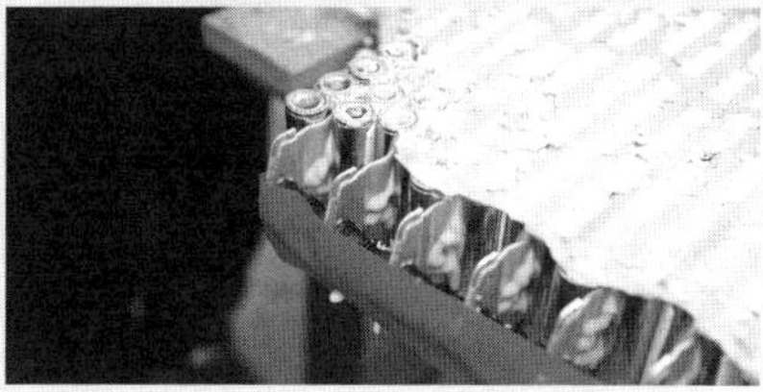

図B　モデル3で電池パックの構造を洗練化

モデル3ではモデルSと同じく車両の下部に電池パックを収納するが、上からもボルトで締結されており簡単に交換できない構造になっている（a）。電池パックには車載充電器と降圧直流-直流（DC-DC）コンバーターを搭載し、統合化を推し進めている（b）。電池パック内には「21700」と呼ぶ直径21mm×長さ70mmの円筒形電池を2000本以上まとめたモジュールを4つ搭載する（c）。電極のプレートは片側のみになり、自動化ラインで造りやすい構造になっていた（d）。（写真：日経クロステック）

3-8
テスラの次なる戦略 電池内製化で目指すはEVプラットフォーマー

米テスラ（Tesla）の長期戦略が徐々に見えてきた。前節で詳しく解説した通り、同社は2020年9月に開催した蓄電池戦略の説明会「バッテリー・デー（Battery Day）」で、「価格を56％下げたリチウムイオン2次電池を内製する」と発表。加えて30年には、電池の生産能力を3TWhまで引き上げ、年間2000万台の電気自動車（EV）を製造できる体制の構築を目指すとした。ここから見えてくる同社の次なる戦略とは、何か。ズバリ、世界最大の自動車メーカーではなく、EV市場での「プラットフォーマー」になることだ。

100万マイル（約160万km）走行できる超長寿命のリチウムイオン電池「ミリオンマイルバッテリー」の発表があるのではないか――。噂されていた夢の電池の公開を期待した投資家たちは肩透かしを食らい、「バッテリー・デー（Battery Day）」翌日の米テスラ（Tesla）の株価は10％下がった。

確かにテスラは、超長寿命な電池を発表せず、“次世代電池の本命”とされる全固体電池にも言及しなかった。それでも、「4680」と名付けた新型のリチウムイオン電池の内製に本腰を入れるという決意表明には大きな意味がある（**図3-32**）。

普及価格帯のガソリン車と並ぶ価格のEV投入へ

電池の内製化を機にテスラが狙うのが、電気自動車（EV）市場の「プラットフォーマー」だ。電動化技術だけではなく、自動運転技術や車載電子プラットフォーム（基盤）などを含めて、広く他社に外販する考えだ。

「ソフトウエアのライセンス供与や、パワートレーンと電池を他社に供給する用意がある」。同社最高経営責任者（CEO）のイーロン・マスク（Elon Musk）氏は2020年7月28日、自身のツイッターでこう宣言していた。

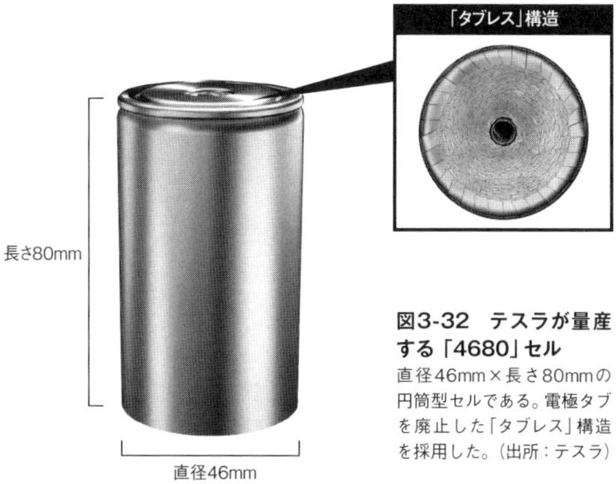

図3-32　テスラが量産する「4680」セル
直径46mm×長さ80mmの円筒型セルである。電極タブを廃止した「タブレス」構造を採用した。（出所：テスラ）

自社開発した車載コンピューター「HW3.0」を中核に据えた「中央集中型」の車載電子基盤は、トヨタ自動車や独フォルクスワーゲン（Volkswagen、VW）など他社に比べて6年ほど先行しているとされる。自動運転システムは、ソフトウエアを無線で更新するオーバー・ジ・エア（OTA）によって機能を拡張させる仕組みを導入済みだ。

これらの最新技術を載せて手ごろな価格のEVプラットフォームに仕立てるためには、低コストな電池が欠かせない。EV用電池パックの価格は現在「150米ドル／kWh前後（1米ドル＝105円換算で1万5750円）」（ある国内自動車メーカーの電池技術者）だが、「コストが下がるペースが鈍くなってきた」（同技術者）という。

理由は需要と供給のバランスだ。VWをはじめとする欧州勢や中国勢などEVを推進する自動車メーカーを中心に、電池の調達合戦が激しさを増している。象徴的なのがホンダの量産EV「ホンダ イー（Honda e)」で、EV用電池ではなくプラグインハイブリッド車（PHEV）用の電池をパナソニックから調達することになった。旺盛な需要を考えれば、「電池メーカーが電池の価格を下げる理由はない」（同技術者）。

その課題はテスラも認識している。同社はパナソニックに加えて、20年に入り中国・寧徳時代新能源科技（CATL）や韓国LG化学（LG Chem）と調達契約を結んだが、「電池パックの単位容量当たりのコスト（米ドル／kWh）の低減が十分に進んでおらず、ここ数年は高止まりの状態が続いている」（マスク氏）と認める。

こうした状況を打破する手段としてテスラが用意したのが、リチウムイオン電池の内製化だ（**図3-33**）。コスト低減を重視した新型電池を開発し、少量の試験生産を始めた。テスラは内製する電池の生産能力を「22年までに100GWh、30年までに3TWh（3000GWh）に増やす」（同氏）計画である。

テスラとパナソニックが共同で運営している電池工場「ギガファクトリー」の年産能力は35GWh。テスラは今後もパナソニックとLG化学、CATLからの電池調達を続けるが、規模は合計100GWhほどで、内製電池へのシフトを加速させる。

「開発した技術を積み重ねることで、電池パックのコスト（米ドル／kWh）を従来品から56％低減できる」。テスラで電池開発を主導する、同社上級副社長のアンドリュー・バッリーノ（Andrew Baglino）氏は自信を込める。

同社はこの電池を使って価格を2万5000米ドル（1米ドル＝105円換算で約

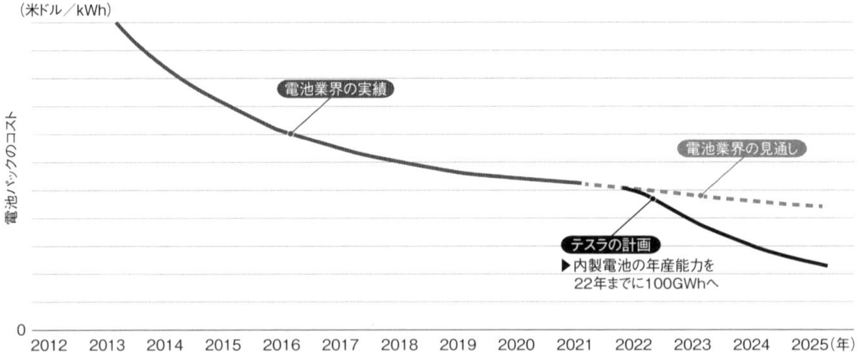

図3-33　リチウムイオン電池パックのコスト変化
18年ごろから横ばい傾向が続いている。テスラは新型電池の内製化によってコストを下げる考え。グラフの縦軸は相対値。（出所：テスラ）

263万円）に抑えたEVを23年までに市場投入する計画。普及価格帯のガソリン車と並ぶ価格を実現させることが、EVプラットフォームの外販事業を占う試金石になる。

今回の内製化は電池パックのコスト低減以外にも狙いがある。製造工程の簡素化などによって「GWh当たりの（工場への）投資額を69%減らせる」（マスク氏）とする。

テスラは5つのステップで電池パックのコストや設備投資額の低減を進める。具体的には、(1）電池セルの形状、(2）電池セルの製造工程、(3）負極材料、(4）正極材料、(5）電池パック構造――をそれぞれ見直した（**図3-34**）。

(1）電池セルの形状に関して、テスラは4680セルと呼ぶ直径46mm×長さ80mmの円筒型セルに変更する。同社は「ロードスター（Roadster）」や「モデルS」「モデルX」には、ノートパソコンなどに使われていた直径18mm×長さ65mmの「18650」と呼ぶセルを搭載する。その後発売したモデル3や「モデルY」には、18650セルよりも一回り大きい直径21mm×長さ70mmの「2170」セルを採用した。

2170セルからさらに体積を増やすことで、1本の電池セルに搭載できる正極／負極の活物質の割合を高める。相対的に、重く高コストな外装のアルミニウ

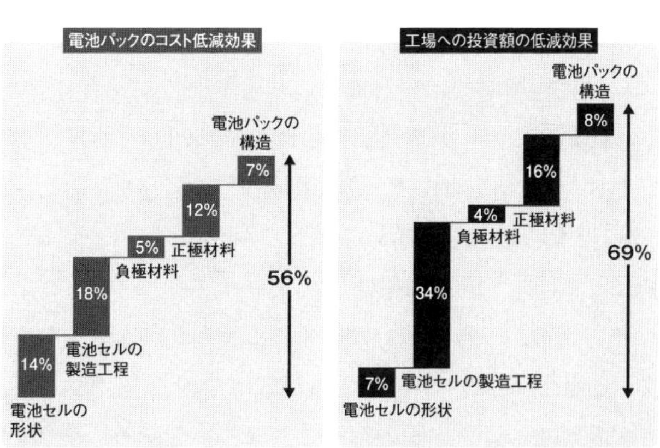

図3-34　5つのステップでコストを低減
新型電池を内製化することで、電池パックのコストを56%、電池工場への投資額を69%低減できると見込む。（出所：テスラ）

ム（Al）合金の使用量を減らせる。さらに、集電体から電気を取り出す電極タブをなくした「タブレス」構造を採用する。集電体とタブ接合する溶接工程をなくせる利点がある。4680セルの採用による電池コストの低減効果は14％という。

(2) 電池セルの製造工程は、集電体に電池材料を塗布するプロセスを変更して18％のコスト低減を図る。電極の塗布工程は一般に、活物質やバインダー、有機溶剤などを混錬したスラリーを、集電体となる金属箔に塗布する。その後、スラリーをオーブンで乾燥させて溶剤を飛ばす。テスラはオーブンで乾燥させる工程を省ける「ドライ電極」技術を採用。粉状の電池材料を集電体に塗布する。

同技術はテスラが19年に約2億1800万米ドルで買収した米マクスウェル・テクノロジーズ（Maxwell Technologies）が保有していたもの。乾燥工程を省略することで、生産ラインの面積と電力使用量を1／10にできるという。

(3) 負極材料と (4) 正極材料は、リチウムイオン電池の正常進化といえる改良を加える。負極材料はシリコン（Si）系を使う。テスラはモデル3など既存車種でも採用済みだが、シリコンの膨張による劣化を防ぐ手段を変更する。従来は一酸化ケイ素（SiO）を添加していた可能性が高いが、4680セルではシリコンをポリマーで覆いバインダーで結合する方法にするという。これによるコスト低減効果は5％とされる。

(4) 正極材料では、高価なコバルト（Co）の使用量を減らしていく。コバルトの代わりにニッケル（Ni）の比率を高めた「ハイニッケル正極」を開発した。日経BPの分析ではモデル3に搭載する2170セルのニッケル比率は9割以上で、4680セルではさらに高めて「コバルトフリー」を目指していく。正極材料の変更によるコスト低減効果は12％という。

(5) 電池パック構造では、モジュールという概念をなくす「セル・ツー・パック（Cell To Pack)」と呼ばれる車体設計を採用する。モデル3では、約4400本の電池セルから4個の電池モジュールを組み、最終的に電池パックに仕上げていた。

テスラは今後、電池セルを車体に直接組み込んでいく（図3-35）。モジュールを形成する際に必要だった外装の金属板など、電池パックの部品点数を370点減らせるという。電池モジュールを製造するラインも不要になり、7%のコスト低減効果を見込む。

これらの積み上げによって56%の電池コストの低減を狙うテスラ。30年に3TWhという壮大な目標に向かって走り出したが、まずは「試験製造工場で1年以内に年産10GWhまで生産能力を高めていく」（マスク氏）ことが、EV市場のプラットフォーマーへの“脱皮”に向けた重要な一歩になる。

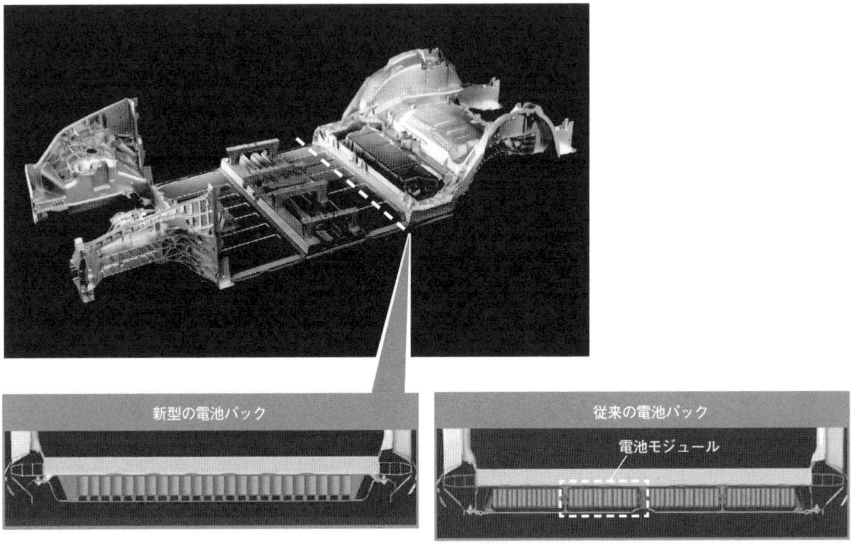

図3-35　電池セルを車体に直接取り付け
テスラは今後、電池モジュールをなくした構造の車体を採用する。従来は、電池セルから複数の電池モジュールを組み、最終的に電池パックに仕上げていた。（出所：テスラ）

第4章

大分業時代の幕開け、車づくりはこう変わる

4-1
自動運転に欠かせないハードとソフトの分業

自動車開発で、ハードウエアとソフトウエアの「分業」が始まった。両者の本格的な分業は、今後の技術開発の主戦場である自動運転に欠かせない。そこでは、自動車メーカーがこれまでに培ってきたハード開発の経験は全く通用しなくなる。一方で、ソフトに強い企業には新規参入の好機となる。先頭を走る米グーグル（Google）系企業を追いかけるイスラエル・モービルアイ（Mobileye）やソニーは、積極的に分業して開発を加速する。

図4-1　自動運転の主役はソフトだけか
自動運転ソフトの開発に新興企業を含めて多く参入する。その規模は大きく、1社で全て開発するのは難しい。どこまで手掛けて、どこを分業するのか、その巧拙が重要になる。写真は、自動運転ソフト開発で先頭を走る米ウェイモ（Waymo）の車両。

トヨタ自動車が2022年度にかけて、ソフトとハードの開発体制を分離する新しい組織に再編する方針であることが、日経Automotive編集部の調べで分かった。進化の遅い車体や電子制御ユニット（ECU）といったハードの開発に縛られず、ソフトを頻繁に更新できる体制に移行する。業界トップ級のトヨタがソフト重視にかじを切ることは、自動車開発のあり方が今後がらりと変わることを示唆する。

ソフトとハードの分業は、今後の技術開発の主戦場である自動運転に欠かせない。ソフトの性能が競争力の根幹である上に、その規模は巨大だ。ソフトがハードの脇役となる開発体制では、到底対応できない。深層学習などの新技術を中心に、アルゴリズムの進化も激しい。車両開発のように5年単位で新しくするのでは、競争力を維持できない。

一方で、ソフトの規模があまりにも大きく、全て手掛けるのは難しいのが実情だ。どこまで自ら手掛け、どこを他社と分業するのか。その巧拙が、新しい分業時代の勝敗を左右する（**図4-1**）。

「ソフトありきで、ハードの構成を考えたい」（ソニー執行役員AIロボティクスビジネスグループの川西泉氏）――。

ソフト主導の自動車開発の到来は、多くの企業に新規参入の好機を生み出す。20年1月、ソニーは電気自動車（EV）の試作車を発表した（**図4-2**）。一定の条件下において無人で走れる、レベル4を目指した自動運転ソフトの開発に挑む。車載イメージセンサーに強いソニーだが、車両開発については門外漢だ。それでもソフトが主役に立つ自動運転開発においては、エレクトロニクス機器の開発で培ったソフ

図4-2　ソニーがレベル4の自動運転ソフトの開発を目指す
EVの試作車を発表した。（出所：ソニー）

トの技術力を生かして存在感を発揮できると見込んだ。

ソニーが目指すのは、米グーグル（Google）から16年に独立した米ウェイモ（Waymo）だろう。ハードに強い既存の自動車メーカーや大手部品メーカーを押しのけて、ソフト主導のウェイモがレベル4の自動運転開発で世界の先頭を走る。

20年10月、ウェイモは米国アリゾナ州で実施している自動運転車による配車サービスを特定ユーザーから一般層に拡大した。同年5月までに30億米ドルの資金調達を終えている。世界に先駆けた本格的な量産は目前だ。

ウェイモの台頭は、自動運転時代になると自動車の付加価値の大半が、ソフトに移ることを象徴する。トヨタにとってはハード開発の長い経験と蓄積が通用しなくなる危機であり、新参者のソニーにとってはソフトの強みを生かせる好機と映るわけだ。

ウェイモの強さはソフトにあらず

ウェイモに触発されて、自動車の“素人”が自動運転ソフト開発に参入する事例はあまたある。中国・百度（バイドゥ）や米ウーバー・テクノロジーズ（Uber Technologies）などITサービス企業が多い。今さらソニーが参入したところで、埋没しかねないと思える。勝機はあるのか――。

車両全体でみるとハードとソフトの分業が進む一方、自動運転ソフトとセンサーは分かち難く、統合される方向にあることがソニーの追い風となる。車載イメージセンサーに強く、認識技術にたけたソニーは、自動運転ソフト開発において優位に立つ。

自動運転ソフトとセンサーの統合が主流になるのは、センサーの能力が自動運転開発で最も重要な安全に直結するからだ。「自動運転車の安全は、センサーの能力に大きく依存する。センサーを変更すると、（自動運転）ソフトの変更と検証にかかる工数が膨大になる」（自動車メーカーの自動運転技術者）。自動運転ソフトの開発において、車両を変えるよりもセンサーを変える方がはるかに難しいというのだ。

トップランナーであるウェイモの車両を見れば、自動運転ソフトとセンサーが統合される未来にあることは一目瞭然である（**図4-3**）。車両は英ジャガー・ランドローバー（Jaguar Land Rover）のジャガー「Iペース（I-PACE）」や欧米フィアット・クライスラー・オートモービルズ〔Fiat Chrysler Automobiles、現・欧州ステランティス（Stellantis）〕のクライスラー「パシフィカ（Pacifica）」、ラム（RAM）「プロマスター（ProMaster）」などを使い分ける。一方で内製するセンサーモジュールの構成は、基本的に共通だ。

ウェイモにとっては、高精度地図データを含む自動運転ソフトとセンサーモジュールは、切っても切り離せない中核技術というわけだ。分業するのではなく、統合する。逆に車両は中核とみておらず、分業の対象だ。

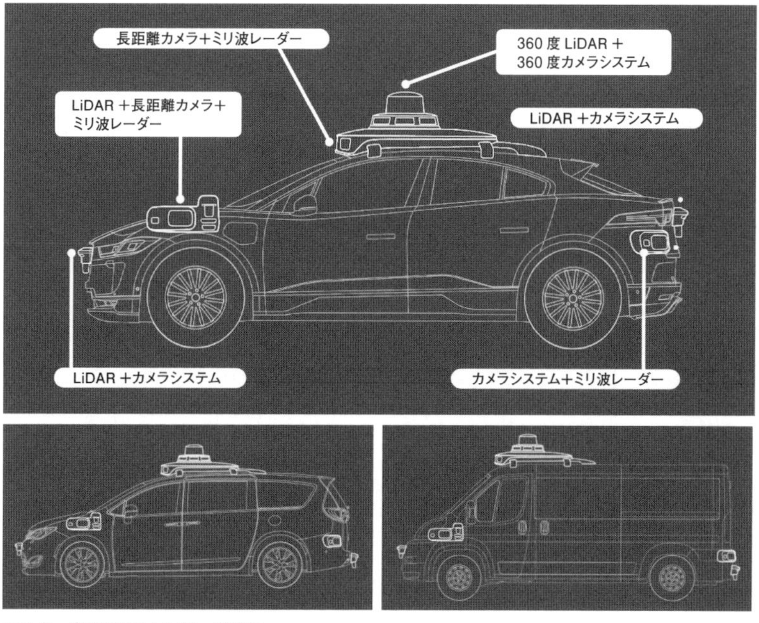

図4-3　車両よりもセンサーが重要
ウェイモが開発するセンサーモジュール。車両は異なるが、同モジュールは共通である。周囲360度を認識できる赤外線レーザーセンサー（LiDAR）とカメラシステムが中心。（ウェイモの資料を基に作成）。

センサーを重視するウェイモだが、主に3種類のセンサーから構成するモジュール単位とソフトの統合を重視し、センサー単体は基本的に内製しないで分業する方針のようだ。イメージセンサーやミリ波レーダーは他社から調達する。モジュールの総合的な能力や配置場所が重要である一方、センサー単体は要求仕様に合えば取り換えられると考える。

ただし赤外線レーザーセンサー（LiDAR）は内製した。他社製LiDARにウェイモが望む性能のものがなかったからだろう。同社製LiDARの測定距離は300m以上と、現在の市販品に比べるとかなり長い。ウェイモの自動運転ソフトで安全運転を実現するには、これくらい長い測定距離が欠かせなかったようだ。

同社のセンサーモジュールの開発に対する意気込みは強く、20年3月に発表した最新版で早くも5世代目になる。最新世代は先代比でコストを半減したという。

おそらく、ウェイモがもくろむ自動運転プラットフォームの構築は、車両の種類を問わず、ソフトとセンサーモジュールを統合して多くの車両にばらまくものになる。グーグルのスマートフォン用プラットフォーム「アンドロイド(Android)」の事業とは、センサーモジュールというハードが必要な点で、大きく異なるわけだ。ソフトに加えてハードが絡むことで“拡散力”は下がるが、参入障壁は高くなると言える。

「世界で最も経験豊富なドライバー」の真意

トヨタの技範として19年まで自動運転研究に長年携わり、現在は金沢工業大学教授の金道敏樹氏は、自動運転開発でソフトと同じくらいにセンサーの役割が重要になることに対して、「自動運転の開発とは、車両ではなくドライバー(運転手）を開発することと同じ」と説明する。

ドライバーは視力や聴力など五感を駆使して車両の周囲を認識し、進路や加減速を判断してステアリングなどを操作する。自動運転の開発とはドライバーを開発することであるならば、判断する脳に加えて五感に相当するセンサーをセットにしなくては、実現しようがない。

実際、ウェイモは自ら開発する自動運転技術を「世界で最も経験豊富なドライバー」と豪語し、「ウェイモドライバー（Waymo Driver）」と名付ける。車両を開発しているのではないと、明確に区別する。

車両開発にたけた既存の自動車メーカーにとって、自動運転の開発では「これまでの経験をほとんど生かせない」（金道氏）とも言える。新規参入企業と、技術開発のスタート地点はほぼ変わらないわけだ。

なぜモービルアイが躍進するのか

センサーを含む認識技術に強い企業が自動運転ソフトの開発で優位に立つことの1つの証左が、米インテル（Intel）傘下のイスラエル・モービルアイ（Mobileye）が存在感を急激に高めていることだ（**図4-4**）。レベル1～2の運転支援で躍進したモービルアイが、レベル4～5の自動運転で「ウェイモを追いかける有力企業」（国内自動車メーカー幹部）とみられるまでになってきた。

モービルアイは、強みのある認識ソフトとプロセッサー（SoC）「アイキュー（EyeQ）シリーズ」を組み合わせて提供することで、運転支援技術で多くの受注を獲得した（**図4-5**）。イメージセンサーについては自ら手掛けないが、長年にわたって米オン・セミコンダクター（ON Semiconductor）製を採用しており、事実上、センサーと認識ソフトを一体で開発してきた形だ。

図4-4　モービルアイが自動運転ソフト開発で躍進
イスラエルで走らせている実験の様子。（出所：モービルアイ）

図4-5　モービルアイは高精度地図を内製
ウェイモと同じ戦略で、他社から調達する競合他社に比べて優位に立てる。（出所：モービルアイ）

そんなモービルアイがウェイモを猛追できるのは、同ソフトの基盤となる高精度地図データ「ロード・エクスペリエンス・マネジメント（Road Experience Management、REM）」を自ら開発することが大きい。ウェイモと同じように高精度地図データを中核と位置付けて、競争領域と考える。これを分業するのではなく、統合する。高精度地図データを内製する企業は少ない。他社から調達する競合に比べて、開発速度を上げられる。

モービルアイがREMを手掛けられるのは、走行中の車両から集めた大量の道路情報などを認識して解析し、地図データの開発で最も重要な頻繁な更新を実現する基盤を既に有するからだ。同社のSoCを搭載した車載カメラが既に多くの車両に採用されていることが大きい。

センサーと認識ソフトの強みを生かして自動運転ソフトでウェイモを猛追するモービルアイは、ソニーの目指す方向をいち早く体現した企業と言えそうだ。なお、ソニーとモービルアイで異なるのは、ソニーはSoCや高精度地図データまでを内製する考えはなく、分業を重視すること。SoCの分業についてはウェイモの考えに近く、同社はインテル製コンピューターを採用しているとみられる。

モービルアイと対照的なエヌビディア

ソフトとハードの新分業時代で、センサー技術をてこに自動運転ソフト開発の存在感を高めるウェイモやモービルアイ。さらに新たに挑戦するソニー。自動車メーカーや部品メーカーは、ソフト重視の開発体制に急いでかじを切り始めた。うかうかしていると、自動運転のソフトウエアプラットフォームは、ウェイモやモービルアイなどに独占されるかもしれない。トヨタがソフト重視の組織に再編し、「ソフトウエア・ファースト」（トヨタ社長の豊田章男氏）と宣言するのは、そんな焦りの裏返しである。

ただし、これまで自動車メーカーや部品メーカーの主役はハードの開発で、ソフトは脇役だった。自動車メーカーの企業規模は巨大で、いきなりソフト重視にかじを切れない。ソフト開発に苦しむ自動車メーカーや部品メーカーなどの支援を重視することで急成長を遂げているのが、自動運転SoCの米エヌビディア（NVIDIA）である。

最大の特徴は、自動車メーカーと競合するのを避けつつ、自動運転ソフトの「分業」を実現することだ。センサーやソフト、高精度地図データを事実上統合し、自動車メーカーの牙城を脅かすモービルアイやウェイモとの対抗軸を明確にする。「自動車メーカーは、センサーや高精度地図をソフトと切り離して調達の自由度を高めたいと考えるのが普通」（アーサー・ディ・リトル・ジャパンの濱田研一氏）という要望を丁寧にくみ取る。

モービルアイやウェイモが自動運転ソフトをブラックボックス化して開示しないのに対して、エヌビディアは契約形態によっては、ソースコードの中身まで開示することがあるという。加えて自動運転ソフトを機能ごとに細かく分割し、自動車メーカーや部品メーカーの必要に応じて提供する体制も構築する。

自動車メーカーや部品メーカーは、自社で手掛けられないか、急ぐ必要がある機能だけを利用できる。さらにソフトの開発環境や解析環境を用意し、自動車メーカーの内製化を支援する（**図4-6**）。自由度の高さに魅力を感じ、トヨタや独ダイムラー（Daimler）といった自動運転ソフトの開発に自ら挑むトップ級メーカーがエヌビディアに吸い寄せられる。

SoCは内製するしかなくなるか

自動車メーカーにとって“使い勝手”の良いエヌビディアだが、頼りすぎると

図4-6　エヌビディアは自動車メーカーの支援に徹する
ソフト開発の支援環境を充実させることで、SoCの販売を増やす。写真は自動運転ソフトなどの解析環境「ドライブ・コンステレーション（DRIVE Constellation）」。（出所：エヌビディア）

将来苦労するかもしれない。SoCの「スイッチング（切り替え）コスト」が高まるからだ。エヌビディアのソフトや開発支援ツールは、同社製SoCで性能を発揮するように開発されたもので、「ソフトは当社のSoCに最適化してある」〔エヌビディアで自動車部門を率いるシニアディレクターのダニー・シャピーロ（Danny Shapiro）氏〕。自動車メーカーや部品メーカーは将来Nエヌビディアに匹敵する自動運転SoCが他社から登場したときに切り替えようとすると、ソフトの大幅な変更が必要になるかもしれない。

もちろん、自動車メーカーなどは工夫を凝らして、自動運転ソフト開発でエヌビディアの影響力が高まることに対抗する。例えばトヨタやダイムラー、独フォルクスワーゲン（Volkswagen、VW）などが熱心に開発する「ビークル基本ソフト（OS）」（**図4-7**）。同OSは複数のSoCを使い分けられるように「抽象化層」を設けている。

ただし、開発に苦労しているのが実情のようだ。抽象化層はITシステムで一般的な技術だが、自動運転ソフトでは遅延の少ないリアルタイム性が重要になる機能が多いのがやっかいだ。「抽象化層の存在は基本的に遅延を増やす方向」（トヨタ関係者）である。リアルタイム性と両立できるのか、各社の模索が続く。

ソフトの工夫でSoCを使い分けられる仕組みを構築したとしても、肝心の選択肢が増えなければ意味がない。現状は自動運転ソフトを自ら手掛けるのであ

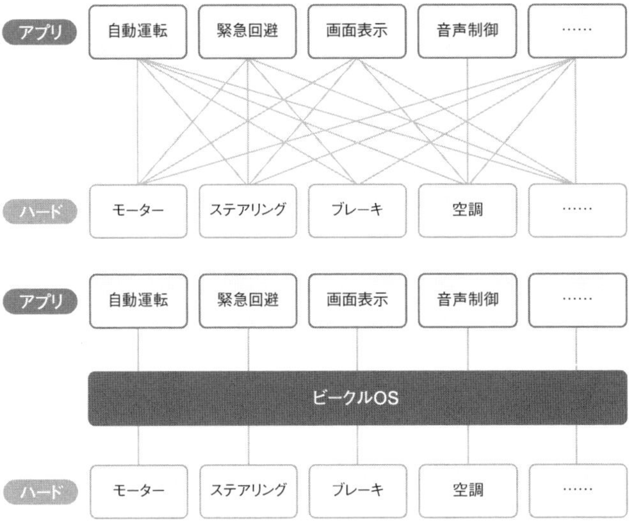

図4-7　ビークル基本ソフト（OS）でハードを自由に選びたい
自動車メーカーは、アプリケーションとハードを分割して開発しやすくするために、ビークルOSと呼ばれるミドルウエアの開発に挑んでいる。

ればエヌビディア。分業すると割り切るのであればインテル-モービルアイ連合と、選択肢が少ない。

EV専業の米Tesla（テスラ）は選択肢の少なさを嫌い、コストをかけてSoCの内製化に走った。自動車産業の戦略を研究する九州大学准教授の目代武史氏は、歴史を振り返ると「調達の自由度が下がることで“取引コスト”が高くなると、企業は垂直統合（内製化）に走る」と話す。今後、ルネサス エレクトロニクスや米クアルコム（Qualcomm）などといった半導体企業の台頭がなければ、自動車メーカーはSoCの「分業」をあきらめて、テスラのように内製化にかじを切らざるを得なくなるかもしれない。

4-2
EVプラットフォーム製造に部品メーカーが挑む

ソフトウエアの役割が高まることで、相対的に付加価値が下がるのが、ハードウエア、すなわち車体の開発だ。そこでも、これまで考えられなかった巨大な単位での「分業」が活発になっている。典型が、電気自動車（EV）のプラットフォーム。これを他社に委ねるという“異例”の事態が相次ぐ。しかも自動車メーカーの独壇場だったプラットフォーム開発には、部品メーカーなどが挑み始めている。

「電気自動車（EV）開発の投資を減らし、開発サイクルを短くする」――。

「アイフォン（iPhone）」の製造受託で有名な台湾の鴻海精密工業（Hon Hai Precision Industry）が2020年10月16日、EVのプラットフォームを開発したと発表した（**図4-8**）。今後、他社に供給していく。同プラットフォームを採用した最初のEVを、22年までに投入する計画だ。鴻海董事長の劉揚偉氏は同社のプラットフォームを搭載したEVの販売で、27年には世界シェアの10％を獲

図4-8　鴻海がいよいよ自動車産業に本格参入
自動車開発の参入障壁を大きく下げる。
（出所：鴻海精密工業）

得するとぶち上げる。

表4-1　鴻海が開発するEVプラットフォームの概要

項目	仕様
車両の大きさ	B～Eセグメント
ホイールベース（mm）	2750（Bセグ）、2860（Cセグ）、 2950（Dセグ）、3100（Eセグ）
トレッド（mm）	1590～1700
地上高（mm）	126～211
モーター出力	前輪駆動：95kW、150kW、200kWなど 後輪駆動：150kW、200kW、240kW、340kWなど

鴻海が開発したEVプラットフォーム「MIHオープンプラットフォーム（MIH Open Platform）」の特徴は、多くの企業に利用してもらえるように、企業ごとに変更できる範囲をかなり広くしたことだ（**表4-1**）。

パワートレーンやステアリング、ブレーキなど「走る・曲がる・止まる」の基本機能を全て備えた上で、車両サイズや種類を幅広く用意した。B～Eセグメント[注1)]に対応し、ホイールベースの可変幅は2750～3100mmとかなり大きい。ハッチバック、セダン、多目的スポーツ車（SUV）、多目的車（MPV）などほとんどの種類に対応できるという。

鴻海の参入は、自動車開発の既存の秩序を大きく揺るがすインパクトがある。車体プラットフォームの設計と製造はこれまで自動車メーカーの“特権”であり、新規参入企業にとって大きな障壁となっていた。それが崩れることを意味するからだ。

「自動車開発・製造への参入には、試作に数億円、量産車設計に100億円、量産に1000億円の投資がかかる。初期投資後に必要な運転資金も莫大で、少なくとも数千億円の資金が必要になる。資金調達のハードルは極めて高い」。

09年にEVメーカーのシムドライブ（SIM-Drive）を創業した清水浩氏〔現イーグル（e-Gle）社長〕は、自動車産業に新しく参入するハードルの高さをこう嘆く。シムドライブはインホイールモーターを駆使した斬新なEVを試作したものの、量産にこぎ着けるまでの資金を調達できず、17年に会社を清算した。

近年、自動車産業への参入に成功したのは、資金調達で“マジック”を連発す

注1）セグメントはコンパクトカー、CセグメントはBセグメントより大きいミディアムカー、DセグメントはCセグメントよりラグジュアリー性を高めた上級ミドルサイズカー、Eセグメントはフルサイズカー・エグゼクティブカーを指す。

るカリスマ、イーロン・マスク（Elon Musk）氏の米テスラ（Tesla）くらいだ。鴻海によるEVプラットフォームの開発と製造は、自動車産業に新しく参入したい企業にとって、そのハードルを大きく下げる福音となる。シムドライブの設立時に鴻海がEVプラットフォームを開発していれば、結果は違ったかもしれない。

「EVのアンドロイド（Android）を目指す」――。

鴻海は、車体側のプラットフォームにとどまらず、ソフトウエアのプラットフォームまで提供することも発表した。リアルタイム基本ソフト（OS）やソフトウエア開発キット（SDK）などから構成し、レベル2～4の自動運転への対応を想定しているという。鴻海のソフトプラットフォームを利用すれば、新規参入を狙うソフト企業は得意とする「アルゴリズムの開発に集中できる」（鴻海でソフトプラットフォーム開発を担当する魏国章氏）と利点を強調する。鴻海のSDKを利用してアルゴリズムを短期間に開発すれば、あとは鴻海が車両に仕立てて量産してくれるわけだ。

自動車メーカーに対する下克上か

自動車メーカー以外でEVプラットフォームを開発するのは、鴻海にとどまらない。部品メーカーが相次いで手掛け始めた。

自動車部品最大手の独ボッシュ（Bosch）は、「ローリングシャシー（Rolling Chassis）」と呼ぶEVプラットフォームを開発した（**図4-9**）。19年末までにローリングシャシーを採用した試作車の実証実験を完了しているとする。また、日本電産も25年ごろを見据えて、EVプラットフォームを開発すると明かしている。

ボッシュのローリングシャシーでは、かねて有する「走る・止まる・曲がる」の機能に加えて、独ベントラー・オートモーティブ（BENTELER Automotive）と協業してアンダーボディーやサスペンションなど機械部品を開発した。さらに自動車デザインのイタリア・ピニンファリーナ（Pininfarina）と組んで、アッパーボディーの設計を手掛けられる体制を整えた。まさに至れり尽くせりで、「EV開発の工数削減に貢献したい」（ボッシュシステムズエンジニアリング＆技術戦略部の山崎将史氏）と話す。

鴻海やボッシュがプラットフォームという車両の基本機能の全てを開発できるようになったのは、EVではパワートレーンがエンジンからモーターに変わることが大きい。エンジン車のプラットフォームの場合、「エンジンメーカー＝自動車メーカー」とされるくらいで、部品メーカーが開発したくとも競争力のあるエンジンを入手しにくかった。EVであればモーターやインバーターなどを自社で開発しやすいし、他社から調達するのも簡単だ。

図4-9　ボッシュがEVプラットフォームを開発
自動車メーカーへの販売を主に見据える。ボッシュが手掛けていない電池や空調装置は含まない。（出所：ボッシュ）

果たして、鴻海やボッシュが開発したプラットフォームの“丸ごと採用”は新興企業にとどまらず、自動車メーカーにも広がるのか——。プラットフォームは車両性能を左右する根幹で、これまで自動車メーカーの競争力の根源だった。見方によっては、鴻海やボッシュの挑戦は自動車メーカーの競争領域に踏み込む下克上にも思える。

ただ鴻海は分からないが、ボッシュには自動車メーカーと競合する事業に手を出さない信条がある。ボッシュがEVプラットフォームを開発するのは、自動車メーカーにとって同プラットフォームがいずれ非競争領域となり、他社との分業を選ぶメーカーが増えると見通すからだ。EVの開発では「個別のコンポーネントよりも、ローリングシャシーのような統合化したソリューションへの需要が高まっている」（ボッシュ）と分析する。実際に自動車メーカーとローリングシャシーを活用したEV開発を進めているという。

なぜか——。短期的には環境規制への対応が大きい。当面、EV市場は世界でそれほど大きくならない。一方で規制対応のためにある程度の数量のEVが必要になる。専用プラットフォームを造るほど販売が見込めないメーカーは、他社と分業できると助かる。

中長期的には、莫大な規模になるソフト開発などへの投資負担が増大することがある。相対的に付加価値の下がる車体プラットフォームへの投資は、減らさざるを得なくなる。

ソフトとハード、どちらを取るか

「両社の強みを生かすことで、独自に進めるもの、協業で進めるものを見極めながら、新たな価値創造に取り組む」（ホンダ副社長の倉石誠司氏）――。

ホンダと米ゼネラルモーターズ（General Motors、GM）は20年4月と9月に、EVのプラットフォームやエンジン開発で協業すると発表した。骨子は北米市場を対象に、GMのEVプラットフォームをホンダが採用し、代わりにホンダがエンジンなどの技術を提供するもの（**図4-10**）。ホンダは23年をめどに、GMのプラットフォームを活用して2車種のEVを発売する。

独立志向の強いホンダが車両性能を左右するプラットフォームを他社に委ねる苦渋の決断を下したのは、環境規制への対応がある。特に米国は、EVの普及に熱心なカリフォルニア州などと連邦政府で環境規制が異なり、EVの普及率は州によってばらばら。ホンダは新規の専用プラットフォームを造るほどの

図4-10　GMのEVプラットフォーム
「アルティアム（Ultium）」と呼ぶリチウムイオン電池パックを搭載する。搭載量は50k～200kWhと幅広い。（出所：GM）

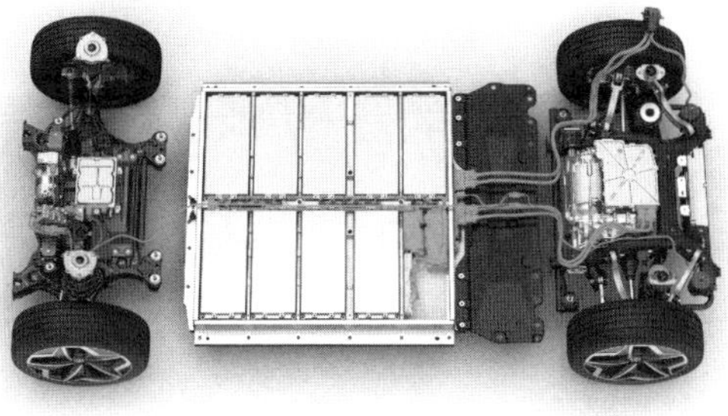

図4-11　VWのEVプラットフォーム
既に量産を始めた。(出所：VW)

販売台数を当面見込みにくく、他社との分業にかじを切る。

北米を対象にしたEVプラットフォームの分業は、ホンダに限らない。米フォード・モーター(Ford Motor)は19年、独フォルクスワーゲン(Volkswagen、VW)からEVプラットフォーム「モジュラー エレクトリック ドライブ マトリックス(Modular electric drive matrix、MEB)」の提供を受けると発表した(**図4-11**)。

EVプラットフォームの分業は、少なくとも今後5年は拡大し続けるだろう。電池コストがなかなか下がらない中でのEVの販売は、しばらく補助金頼み。専用プラットフォームを新規に開発するほどの販売を見込めないメーカーは多そうだ。EVの普及が加速するとすれば、電池コストが下がり始めるかもしれない25年以降とみるのが主流である。

ただEVの市場規模が大きくなるかもしれない中長期を見据えても、EVプラットフォームの分業が増え続ける可能性が高い。ソフトが名実共に主役に立つ中で、ハードに回せるリソースは限られてくるからだ。

そんな未来を示唆するのが、VWが20年に投入した新型EV「ID.3」。ハード面で新しいEVプラットフォームを採用したことに加えて、車載ソフト基盤「vw.OS」を搭載した最初の車両だ。vw.OS開発への投資額は35億ユーロともいわれる。小規模な自動車メーカーには用意できない額だが、それでも付加価値がソフトに移る中で、どんなメーカーもソフトへの投資を増やさざるを得ない。

ソフトとEVプラットフォームを共に開発できる自動車メーカーは、限られたトップ企業だけになるかもしれない。大半の自動車メーカーは、ハードとソフトのどちらかで、大規模な分業を迫られるのは確実だ。

4-3
自動運転ソフトも イメージセンサーも分業へ

自動車開発における分業の波は、レベル4の自動運転にも。その中核となるセンサーとソフトウエアで、自動車メーカーとのあつれきを恐れずに異例の分業をもくろむのが、イスラエル・モービルアイ（Mobileye）だ。一方、イメージセンサー単体の汎用品化に備えて、ソニーや米オン・セミコンダクター（ON Semiconductor）は、“隣地”の技術を統合する戦線拡大に挑む。センサーとソフトの分業と統合の線引きを巡り、各社の駆け引きが激しくなってきた。

イスラエル・モービルアイ（Mobileye）が、自動運転における安全基準の標準化に着手した。表向きの狙いは、自動運転ソフトの安全性を対外的に説明しやすくすること。裏には同ソフトの開発で異例の「分業」を実現し、自らの強みをさらに強くするしたたかな思惑がある。「安全」という自動車メーカーの存在意義に関わる領域に果敢に攻め込み、自動運転ソフトで先行する米グーグル（Google）から独立したウェイモ（Waymo）を追いかける。

モービルアイは、「レスポンシビリティ・センシティブ・セーフティ（Responsibility-Sensitive Safety、RSS）」と呼ぶ数式で記した自動運転の安全基準について、2020年から「米国電気電子技術者協会（IEEE）P2846」で標準化作業を始めた（**図4-12**）。同年内に草案を発行する計画である。

RSSは、例えば前後方向の車間距離や、割り込みを防ぐ横方向の距離などを定式化したもの。RSSに基づく自動運転ソフトであれば、基本的な安全は担保されるとうたう。「決して事故を起こさない自動運転ソフトであることを証明す

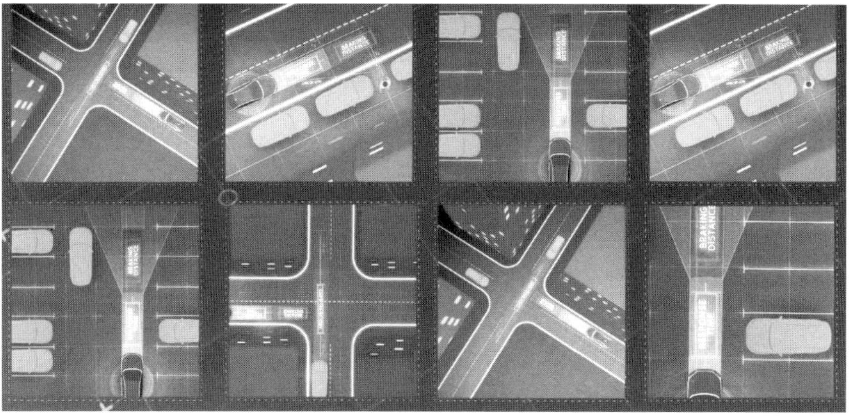

図4-12　安全のアルゴリズムを標準化
モービルアイは、安全な自動運転ソフトにするための考え方を提案する。前後方向の距離や交差点における動作など多くの場面の制御方法を定式化し、標準化することを目指す。（出所：モービルアイ）

るもの」（モービルアイ）を目指す。

自動運転ソフトの開発企業にとって大きいのは、仮に“もらい事故”が起きたとき、標準化手続きを経たRSSに基づくソフトであれば、事故の責任がないことを対外的に説明しやすくなることだ。

さらに自動運転ソフトの検証にかかる工数を抑えやすくなる利点もある。RSSの数式通りに車両が動けば、それで検証が終わりと言えるからだ。もしRSSがなければ、多くの交通環境を想定した膨大な検証作業が要るかもしれない。どこまでやれば安全と言えるのか答えがないし、複雑で対外的にも説明しにくい。

全ての企業に利点があると思えるRSSの標準化。モービルアイと競合する自動運転ソフト企業が多く参加する（**表4-2**）。例えば、米国の新興企業であるオーロラ（Aurora）や中国のIT大手の百度（バイドゥ）、米エヌビディア（NVIDIA）、ウェイモなどだ。

一方で、自動車メーカーの大半は様子見である。モービルアイと協業する独フォルクスワーゲン（Volkswagen、VW）と、ウェイモと組む欧米フィアット・

表4-2　自動運転ソフトの安全基準を標準化

「IEEE P2846」の概要	
標準化のテーマ	自動運転車の安全に関するモデル
参加企業・団体（表記はIEEEに準ずる）	アーム、オーロラ、バイドゥ、デンソー、エッジケースリサーチ、エクスポーネント、フィアット・クライスラー・オートモービルズ（FCA）、フォーテリックス、ファーウェイ、ホライズン・ロボティクス、インフィニオン、インテル、ジョンディア（インテリジェントソリューショングループ）、コントロール、モーショナル、台湾大学、米国立標準技術研究所（NIST）、ニューロ、エヌビディア、NXPセミコンダクターズ、プローバー・テクノロジー、クアルコム、SAEインターナショナル、ウーバー・アドバンスト・テクノロジーズ・グループ、ミシガン大学交通研究所、バレオ、VW、ウェイモ
議長（Chair）	ジャック・ウィースト（Jack Weast）氏（インテル）
副議長（Vice Chair）	チー・ホムス（Qi Hommes）氏（ウェイモ）
書記（Secretary）	ケヴィン・ガイ（Kevin Gay）氏（ウーバー・テクノロジーズ）

クライスラー・オートモービルズ〔Fiat Chrysler Automobiles、FCA、現・欧州ステランティス（Stellantis）〕くらい。モービルアイの盟友と呼べる独BMWですら入っていない。

自動運転ソフトを自ら開発する自動車メーカーにとって、「安全」というこれまでの強みを発揮できる領域を標準化されると、優位性を崩されると警戒するのだろう。安全に責任を負うことは自動車メーカーの存在意義と言えるし、競争領域の1つと考えるのが普通である。

「判断」もイメージセンサーも分業へ

モービルアイはRSSの標準化で、かねて強い認識ソフトをさらに強くする狙いを込める。

どういうことか――。RSSの標準化とは、自動運転ソフトを構成する「認識」「判断」「操作」の3大要素のうち、加減速や進路などの車両の動きを決める「判断」の根幹のアルゴリズムを標準化し、非競争領域にすることを意味する。競合同士が同じようなアルゴリズムを使うことになるわけで、「判断」に大きな優劣がなくなるわけだ。「操作」が既存技術の延長として各社の差は小さいと仮定とすると、モービルアイの最大の強みである「認識」ソフトの優位性が、そのまま自動運転ソフトの優劣につながる。モービルアイの強みを最大限に発揮する仕掛けの1つが、RSSとも言える。

さらにモービルアイは、RSSによって認識ソフトの開発工数を抑えられる利点が生まれるとも見込む。RSSによって判断ソフトの根幹が固まると、「認識ソフトの変更を迫られることが減る」（モービルアイジャパン代表取締役の川原昌太郎氏）からだ。

例えばRSSと大きく異なり、衝突回避の制動を随分早く開始する判断ソフトがあった場合を考えると、認識ソフトはRSSよりもかなり遠方の障害物を検知する必要がありそうだ。認識ソフトの大幅な変更にとどまらず、センサー自体を見直すことになりかねない。

既存の自動車メーカーの領空侵犯を恐れず、自動運転で最も重要な「安全」の確立に果敢に挑み、異例のソフト開発の分業をもくろむモービルアイ。かねてソフトと一体で開発してきたと言えるイメージセンサーの本格的な分業にも取り組み始めた。同社が中核と考える認識ソフトと高精度地図、プロセッサー（SoC）以外は、調達の自由度を高くして、選択肢を広げる。

モービルアイは、オン・セミコンダクターのイメージセンサーを採用してきた（**図4-13**）。分業してきたと言えなくはないが実態は二人三脚で、オン・セミコンダクターのセンサーとモービルアイの認識ソフトを統合して開発していたようなものだった。

図4-13　オン・セミコンダクターのイメージセンサー
画素数が約230万の「AR0231」。スバル（SUBARU）が新型「レヴォーグ」に採用したもの。（出所：オン・セミコンダクター）

今後、いよいよ他社製イメージセンサーの採用を始める。間もなく、米オムニビジョン・テクノロジーズ（OmniVision Technologies）製センサーと、モービルアイの最新SoC「アイキュー4（EyeQ4）」を採用した車両が量産されるという。さらにモービルアイは、ソニー製イメージセンサーの採用も進めている。

中核から外れるイメージセンサー

モービルアイがイメージセンサーの本格的な分業にかじを切る背景にあるのは、同センサーの性能が車載用途で十分な水準になってきたことがありそうだ。オン・セミコンダクターの小野科生氏は「(車載イメージセンサーは性能向上の）ゴールが近づいている」と見通す。

例えばモービルアイがアイキュー4と組み合わせる830万画素のイメージセンサー「AR0820」。ダイナミックレンジは140dBと高く、自動運転用途でほとんど十分と言える水準に達する（**図4-14**）。21年以降に投入する次世代品は、画素数を1200万まで増やす模様だ。加えてダイナミックレンジと相反しがちなLEDのフリッカー（ちらつき）対策などをさらに推し進める。自動運転用では、もう十分と言える性能に近づく。

進化が激しい間は、センサーを頻繁に更新しなければ競争力を維持できず、認識ソフトの変更規模も多くなりがちだった。センサーを他社品に切り替える

図4-14　モービルアイが開発する自動運転車
イメージセンサーで基本的な自動運転を実現する。赤外線レーザーセンサー（LiDAR）とミリ波レーダーで冗長系を構築する考え。（出所：モービルアイ）

手間は大きく、分業しにくかった。ただ進化の速度が鈍れば、その逆。モービルアイは、いよいよイメージセンサーを切り替えやすくなる時期が来たとみるのだろう。

一方で進化の停滞は、センサーメーカーにとっては競争が激しくなり、あっという間にコストだけで比べられるコモディティー（汎用品）になりかねないことを意味する。イメージセンサー各社は、汎用品になる時代を見据えて、手掛ける領域を拡大し始めた。

例えばモービルアイと似た方向を向き、自動運転ソフトの開発に着手したのがソニーである。映像処理や認識ソフトに強く、20年にレベル4を目指した自動運転車の試作車を開発した。

一方でオン・セミコンダクターはソニーと対照的に、ハードの強みを生かして戦線拡大する。自動運転センサーの「3種の神器」のうち、残る赤外線レーザーセンサー（LiDAR）の受光部とミリ波レーダーのトランシーバーの開発に新たに着手した。「頭脳（自動運転ソフトなど）ではなく、CMOS技術の強みを生かしてデバイスに特化する」（小野氏）と、ソフト主導の時代にあえてハードの強みを生かす戦略で臨む。

LiDARの受光部は順調に進んで21年後半、トランシーバーは21年内の量産を目指す。共にイメージセンサーで培ったCMOS技術を生かし、コストを抑えつつ品質と性能を高める算段だ。特に自動運転に欠かせないLiDARは発展途上で、しばらく進化が続く。汎用品になるのはしばらく先だろう。

オン・セミコンダクターは、LiDARの受光部の開発のため、18年にアイルランドのセンスエル・テクノロジーズ（SensL Technologies）を買収した。最近は高出力化して距離を長くできる1550nm帯付近がよく使われるが、受光部は高価な化合物半導体のインジウム・ガリウム・ヒ素（InGaAs）が多い。オン・セミコンダクターは905nm帯を使うCMOSの受光部を開発し、安価にしつつ感度を高めて長い測定距離の実現を目指す。

ミリ波レーダーについては、現在はシリコン・ゲルマニウム（SiGe）基板を用いていたものを、シリコン基板のCMOS技術に切り替えていく。

自動運転ソフトはいつまで競争領域か

「いずれ自動運転ソフトは、自動ブレーキソフトと同じように汎用品化する」――。

自動運転ソフトやイメージセンサーで自ら優位に立つように分業と統合の線引きをもくろむモービルアイ。部品メーカーでありながら、自動車メーカーの牙城に攻め込む下克上にも思える。だがモービルアイジャパンの川原氏は、自動運転ソフトが普及し始めれば各社で性能の差はなくなり、あっという間に汎用品化するのではないかと考える。つまり早晩にも自動車メーカーにとっての非競争領域となり、下克上にあたらないというわけだ。

実際、自動ブレーキは10年もたたないうちに当たり前の機能になった。各社で性能に大きな差がなくなり非競争領域に近づくにつれて、モービルアイのソフトとSoCを採用するメーカーが増えた。同社は自動運転ソフトも同じ構図になると見据えて動く。

自動運転ソフトに加えて、EVのプラットフォームまで分業できる時代になれば、自動車開発の競争領域は激変する。おそらく、室内空間の過ごし方を含めた移動サービスに競争軸が移る。

自動運転ソフトのトップランナーであるウェイモは、20年5月に約3000億円規模の資金を調達したと発表した。本格的な実用化は間近である。新しい分業時代は、間もなく幕開けを迎える。

4-4
車開発に生かしたスマホや「aibo」の知見

第1章でも触れた通り、ソニーは電気自動車（EV）の試作車「ビジョンS（VISION-S）」の公道走行に乗り出した。2020年1月に世界最大のエレクトロニクス見本市「CES」で初めて披露し、同年12月からオーストリアの路上で試験走行を始めるという異例のスピード開発。その手法について、開発を率いた同社執行役員の川西泉氏に聞いた。

――ソニーがオーストリアで公道実験を始めました。

自動車の評価は時間がかかる。走行実験はすぐには終わらない。ある程度の時間を使ってやっていく。車としての性能はより掘り下げて評価する必要がある。急ブレーキや加速、コーナリングなどのテストをしている。それに応じてブレーキやサスペンション、モーターなどの調整をしている。1つ1つ検証する必要がある。

川西泉氏
（写真：日本経済新聞社）

――試作だけではなく量産しないのですか。

そういうお声はちょうだいする。造って良かった。ただ、そんなに単純ではない。やればやるほど思うのが、安全・安心を追求する技術は確立できているわけではないことだ。十分な知見をためる必要がある。焦ってやることはない、というのが今の正直なところだ。

――開発手法は既存の自動車メーカーとソニーで異なるのでしょうか。

すごく単純にいうと、アジャイル開発。車はやはり「ウオーターフォール」で仕様を決めて造り始める。ただアジャイルだけでもできない。アジャイルで短期間に回すと効率的かというと、必ずしもそうではない。何度も造り替えると時間がかかる。2つのやり方のいいとこ取りすることを、ここ2年、3年と挑戦している。

――アジャイルで開発したのは、ソフトウエアの領域でしょうか。

比較的ITの技術を入れやすい領域だ。車体そのものはある程度決められたプロセスがあるので、なかなか手を入れづらかった。ソニーでいうと、ダッシュボードの中や人に近いところ。ITの考えを応用しやすい領域で、先進運転支援システム（ADAS）周りにも適用した。ソフトの比重が高い領域の方が入れやすい。

スマホの技術資産、どこまで流用？

――スマホ「エクスペリア（Xperia）」の技術資産を自動車開発に生かせましたか。

スマホに限らず「アイボ（aibo）」などの知見を持ってきた。画面周りは「アンドロイド（Android）」を活用。自分たちのお家芸でもある。チップセットは米クアルコム（Qualcomm）製で、アンドロイドのスマホには同社製が多い。ヒューマン・マシン・インターフェース（HMI）コントローラーにも技術資産を生かせた。

――遠隔でソフトを更新できる「オーバー・ジ・エア（OTA）」が重要になってきます。電気・電子アーキテクチャーはOTAにどこまで配慮しましたか。

まさに設計しているところだ。できるかできないかでいうと、できる見通しはたっている。大きな機能のOTAはそれほど大変ではない。ただし、どの車もそうだと思うが、末端の機能まで全てOTAでソフトを更新するのは至難の業だと思う。

――自動車開発はEVの登場によって大きく変わっています。

電動化という車全体の構造が変わる転換期の中で、部品が少なくなって造りやすくなるといわれている。ゼロから造るのか、ある程度できあがったものを使うのかという議論があった。ソニーとしては電動化の良さを正しく理解して造る道を選んだ。EVの登場が1つの契機になっている。

――車もスマホのように水平分業で生産できるようになるでしょうか。

技術的には可能性は大きい。まだ見えていないが、理論上はできると思う。そんなに単純ではないが、時間が解決できる。開発についても自分たちが始めたタイミングでは、すんなりと始められた。2020年1月開催の世界最大のエレクトロニクス見本市「CES」では、メガトレンドがモバイルからモビリティーに移ると言わせていただいたが、そういうトレンドになっている。

――EVでどんなビジネスモデルを目指しますか。

これまで自動車と呼ばれていたものがモビリティーと言われることで、ビジネスの範囲が広がっている。ソニーが移動に対してどういう貢献ができるのか――。良い形のビジネスが見つけられれば、というのはある。モビリティーは社会インフラとして位置付けられている。ハードウエアとしての自動車を造るというよりは、もっと幅広く考えたい。

――VISION-Sにはセンサーなどにソニーの技術を搭載しています。

センシング技術は重要だ。どんなセンサーが最適かまだ突き詰められていないが、これまでのリアルタイムのセンシング技術を生かせる。路面の環境を認識してリアルタイムで最適に走行制御する。

――EVの開発では他社との協業も進めています。

今のITのように、ある程度オープンな形にできたらいい。事業や開発の範囲が広いので、技術を持ち寄りながらやれればと思う。もはや1社で技術をつくり上げる時代ではない。ITの考え方をうまく取り入れていきたい。自前主義ではなく、協力してより良いものを造っていく。それが伝統的な自動車産業とは違う。

第5章

競争舞台の大転換、自動車メーカーの生き残り戦略

5-1
ソフト開発の手の内化で競争力を高める

自動車メーカーの競争の舞台が、ハードウエアからソフトウエアにシフトしている。象徴的なのが、「ビークル基本ソフト（OS)」と呼ばれる車載ソフト基盤である。独フォルクスワーゲン（Volkswagen、VW）は「vw.OS」を実用化し、トヨタ自動車グループは「アリーンOS（Arene OS)」を開発中だ。これらビークルOSを軸に、車の新たな主導権争いが始まった。

「世界で最もコスト効率が良く、信頼性の高いハードウエア生産方式であるトヨタ生産方式（TPS）を、ソフトウエアの分野でも実現する」。トヨタ自動車グループで自動運転ソフトを開発するトヨタ・リサーチ・インスティテュート・アドバンスト・デベロップメント（TRI-AD）最高経営責任者（CEO）のジェームス・カフナー（James Kuffner）氏[注1)]は、同社が目指す方向性をこう説明す

図5-1　TRI-ADのカフナーCEOと「アリーン」
(a)TRI-ADのCEOを務めるジェームス・カフナー氏。(b) ソフト開発基盤「アリーン(Arene)」。「アリーンOS(Arene OS)」を搭載した車両で動作するソフトを効率的に開発できる。〔(a) 写真：日経Automotive、(b)写真・画像：TRI-AD〕

注1）カフナー氏は2020年6月の株主総会でトヨタ自動車取締役に就任している。

図5-2　VWの「ID.3」とクリスチャン・ゼンガー氏
(a) 車載ソフト基盤「vw.OS」を搭載するEV「ID.3」。(b) vw.OSなどVWのソフト開発を指揮するクリスチャン・ゼンガー氏。
(写真：日経Automotive)

る（**図5-1**）。

ソフト開発を効率化する中核技術が、現在開発中の車載ソフト基盤「アリーンOS（Arene OS）」である。米アップル（Apple）のソフト基盤「iOS」や、米グーグル（Google）の「アンドロイド（Android）」のように、世界中の開発者がアリーンOS向けにソフトを開発できるようにする。

開発したソフトは、アリーンOSを搭載した車両なら、ハードの違いによらず、動作する。カーナビのようなスマホアプリに近いものから自動運転ソフトまで、車向けの幅広いソフトを効率的に開発できる。

ただし、車両制御を伴うソフトが本当に安全に動作するのか、サイバー攻撃に耐えられるのか、といった点はさらに検証する必要がある。スマホアプリでは不具合や脆弱性の報告は日常茶飯事だが、これが車で起きると人命に関わるからだ。このため、現状では自社ソフトを効率的に開発する仕組みとしてアリーンOSを整備しているとみられる。

独フォルクスワーゲン（Volkswagen、VW）の車載ソフト基盤「vw.OS」も、考え方は同じだ（**図5-2**）。vw.OSは、2020年夏に発売する新型電気自動車（EV）「ID.3」や、同年内に発売する多目的スポーツ車（SUV）タイプのEV「ID.4」などに順次搭載する。将来はVWグループの全ブランドに展開するほか、外販も視野に入れる。

ソフト開発を手の内化

vw.OSやアリーンOSは、“ビークル基本ソフト（OS）”（またはカーOS）と呼ばれる。自動車メーカーがビークルOSの開発に力を入れるのは、複雑化するソフトが、車開発のボトルネックになってきたからだ。

「開発リードタイムも、開発費も、ソフトがかなりの割合を占めている。自動車メーカーは、ソフト開発を効率化するための基盤技術（インフラ）を手の内化することで、競争力を高めようとしている」（アイシン精機執行役員で電子センタープレジデント電子商品本部長の植中裕史氏）。

ビークルOSのうち、実際に車載するソフトはごくわずかだ。ビークルOS上で動作するソフトを開発するための設計ツールや検証ツールなどのインフラがほとんどを占める。TRI-AD最高技術責任者（CTO）の鯉渕健氏は「開発している自動運転ソフトの9割はインフラだ」と述べている。これまで自動車メーカーは車両（ハード）の効率的な生産技術を手の内化することで競争力を高めてきた。今後はソフト開発を効率化することで、競争を勝ち抜く考えだ。

VWもソフトの手の内化を進めている。19年6月に設立したグループ横断型のソフト開発組織「カー・ドット・ソフトウエア（Car.Software)」は、当初500人規模でスタートしたが、20年3月には3000人規模に増やした。25年までには1万人規模に拡大し、ソフトの内製比率を現在の10%未満から60%に高める計画である。

ソフトとハードを分離したい

車のソフトが複雑化する背景には、コネクテッドや自動運転といった新機能の追加もあるが、ソフトとハードを分離しにくい車特有の事情もある。リアルタイム処理が求められるセンサーやアクチュエーターの電子制御ユニット(ECU）はソフトとハードの相互依存性が強く、分離しにくいのだ。

ところが、自動車メーカーにとってはこれが大きな負担になっている。VW

のソフト開発を指揮するクリスチャン・ゼンガー（Christian Senger）氏（VW乗用車ブランドの取締役会メンバーで、「デジタルカー&サービス」担当）は、「ECUのベンダーが部品を変えるたびに、様々なソフトの検証作業が発生する現在のアーキテクチャーは、もはや限界だ」と指摘している。

ビークルOSは、ハードを抽象化する機能「ハード抽象化レイヤー（HAL）」を持ち、ECU上でソフトとハードを分離できる（**図5-3**）。これによって、自動車メーカーはわずらわしい検証作業から解放され、最もコスト競争力の高いECU部品を自由に選べるようになる。

ソフトも自由に書き換えられる。無線でソフトを更新するオーバー・ジ・エア（OTA）によって自動運転などの機能を追加・改善すれば、車の価値を高められる。VWのように車を情報端末にしてデータを集め、新たな価値を生み出すことも可能だ。高い移動能力を持つ車は、360度センサーによって外界の情報を集められるほか、運転者監視システム（DMS）などを通じて運転者や同乗者の情報も集められる。

こうしたデータ主導型のサービスでは「デジタルプラットフォームのアクティブユーザー数が重要な指標になる」（VWのゼンガー氏）という。車両のハード

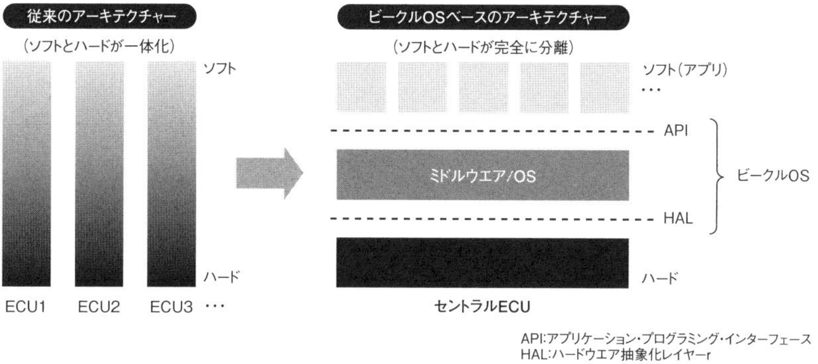

図5-3　ビークルOSでソフトとハードが分離

ビークルOSを導入することで、ECUのソフトとハードを分離できる。これによって、ソフトとハードの分業開発が可能となる。
（作成：日経Automotive）

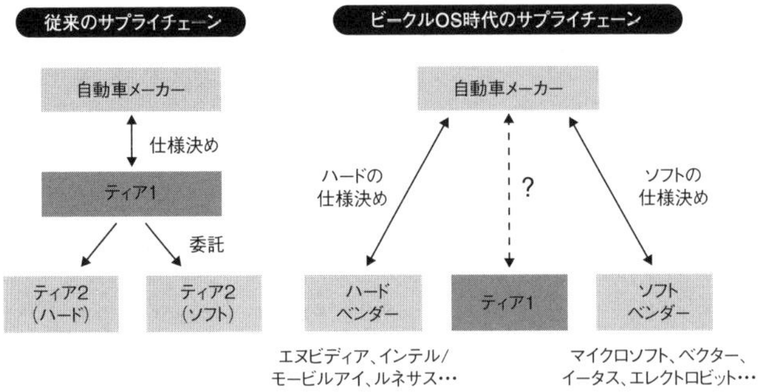

図5-4 ビークルOSでサプライチェーンが変わる
ビークルOSの導入によってソフトとハードの分離が進むと、いわゆる「ティア1外し」が起きやすくなる。(作成:日経Automotive)

が違っても、ビークルOSさえ稼働すれば、デジタルプラットフォームを1つにまとめられる。VWやトヨタのように年間出荷台数が1000万台級の自動車メーカーにとっては、ビークルOSを導入する効果は大きい。

その一方で、ハードとソフトが分離すると、車開発のサプライチェーンに影響が出る(**図5-4**)。これまでのECUは、自動車メーカーと1次部品メーカー(ティア1)が仕様を決め、ティア1がハードとソフトを一体的に開発してきた。一方、ビークルOSを搭載するECUでは、例えばティア1がハードのみを供給し、ソフトは自動車メーカーとソフトベンダーが共同開発する「分業化」が進む可能性がある。

実際、VWでは米マイクロソフト(Microsoft)や独エレクトロビット(Elektrobit)といったソフトベンダーとの共同開発を加速させている。こうなると、ハードは急速にコモディティー化(汎用品化)する可能性があり、「ティア1にとっては脅威だ」(アイシン精機の植中氏)という。このような事態を防ぐため、ティア1もソフト開発力の強化に動き出している(詳細は5-2)。

生き残るのは世界で3方式か

「ビークルOSは世界で3方式しか生き残らないだろう」。こう指摘するのは、独ボッシュ(Bosch)子会社で開発ツールなどを手掛ける同イータス(ETAS)社長のフリードヘルム・ピッカード(Friedhelm Pickhard)氏である(**図5-5**)。

ビークルOSには安全性や信頼性はもちろん、高い性能やサイバーセキュリティーなどが求められ、多額の開発投資が必要になる。このため、世界で生き残るのは、(1) 欧州方式、(2) 米国方式、(3) 中国方式――の3方式しかないとみる。

図5-5　イータス社長のフリードヘルム・ピッカード氏
ビークルOSの開発には多大な投資が必要となるため、生き残るのは世界で3方式しかないと主張する。（写真：日経Automotive）

(1) 欧州方式は、車載ソフト基盤の標準規格であるオートザー（AUTomotive Open System ARchitecture、AUTOSAR）をベースにした方式で、vw.OSやアリーンOSなどを指す[注2)]。(2) 米国方式は、米アルファベット（Alphabet）傘下で自動運転技術を開発する米ウェイモ（Waymo）や、米テスラ（Tesla）のように、IT分野のソフト技術をベースに車を開発する方式である。(3) 中国方式は、詳細は不明だが、「米中貿易摩擦の影響から中国が独自方式を打ち出す可能性が高い」（イータスのピッカード氏）と指摘する。

その他の方式は、多額の開発投資に見合う出荷台数を確保できず、「価格が高すぎて受け入れられないだろう」（同氏）とする。今後、自動車メーカー各社がばらばらにビークルOSを出してくるのか、またはグループ戦略を採るのか、現時点ではまだはっきり見えていない。ただ、ビークルOSは種類が少ないほどティア1やソフトベンダーの負担が減り、業界全体の効率が高まる。パソコン業界の「ウィンドウズ（Windows）」や「マックOS（Mac OS）」、スマートフォン業界のアイOS（iOS）やアンドロイドのように、車業界でも数は限られるだろう。

注2）オートザーはビークルOSを業界で標準化する動きそのものといえる。従来型のECUに対応する「クラシック・オートザー（Classic AUTOSAR）」に加え、統合ECUに対応した「アダプティブ・オートザー（Adaptive AUTOSAR）」の採用が今後本格化するだろう。vw.OSも要素部品としてはアダプティブ・オートザーを使っているとみられる。ただし、アプリケーションソフトとのAPI（アプリケーション・プログラミング・インタフェース）は独自仕様のようだ。

5-2
統合ECU開発に求められるIT分野の手法

自動車メーカーが新たなソフトウエア基盤として整備する「ビークル基本ソフト（OS）」は、高い処理性能を持つ統合電子制御ユニット（ECU）への搭載が前提になる。統合ECUでは、これまでのECUとはソフト開発の手法が異なり、IT業界の手法に近づく。そこでITの本場、米国シリコンバレー流のノウハウを取り入れる動きが始まっている。

米国シリコンバレーに本社を置く新興電気自動車（EV）メーカーのテスラ（Tesla）は、2019年に中央処理型の統合電子制御ユニット（ECU）を採用した（**図5-6**）。第3章で解説した通り、自動車業界ではこうしたECUの採用が本格化するのは25年ごろと予想されていたが、テスラは実に6年も先行して実用化したことになる。

図5-6　テスラ「モデル3」と統合ECU
(a) テスラのEV「モデル3」。(b) モデル3が搭載する統合ECUは、自動運転用とメディアコントロール用の2枚の基板を内蔵し、水冷方式を採用する。(写真：日経Automotive)

ここへ来て、独フォルクスワーゲン（Volkswagen、VW）やトヨタ自動車も、統合ECUを前提とする“ビークルOS”の開発を加速している。VWは「vw.OS」の車載コンピューターとして、「ハイパフォーマンスコンピュータ（HPC）」と呼ぶ統合ECUを車両1台当たり3～5個搭載する計画である。

とはいえ、統合ECUに対するVWやトヨタのアプローチは、テスラに比べると緩やかである。テスラは一気に中央処理型の統合ECUに移行する「破壊的アプローチ」、VWやトヨタは段階的にECUを統合する「持続的アプローチ」を採る。これには、過去の車開発の歴史が関係している。

崩せないコストの壁

「もともと、統合ECUの検討は約20年前からあった」。こう話すのは、アイシン精機執行役員でソフト開発のトップを務める電子センタープレジデント電子商品本部長の植中裕史氏である（**図5-7**）。高性能なプロセッサーを使う統合ECUはコストが高く、さまざまな車種のバリエーションに対応しにくいという課題があったという。

例えば、「高級車用に統合ECUを開発しても、それは大衆車向けには高すぎて使えなかった」（同氏）。大衆車から高級車まで幅広い車種を取りそろえるVWやトヨタのような自動車メーカーは、必要最小限の機能しか持たない安価なマイコンベースのECUを分散配置する手法を選んだ。これなら、必要な機能に応じてECUを追加配置することで、幅広い車種に対応できる。

図5-7　アイシン精機執行役員の植中裕史氏
グループ横断型のソフト開発組織「電子センター」のトップを務める。（写真：アイシン精機）

テスラが高価な統合ECUをいち早く採用できたのは、「過去のしがらみがなく、車種のバリエーションも高級車のみで少なかったからではないか」(同氏)。VWやトヨタもコネクテッドや自動運転を背景に統合ECUに向かうものの、過去のECU資産とのコスト比較が常に発生する。その結果、「現在でも、一気に統合ECUに移行するのは難しい」(同氏)とする。

VWやトヨタが現在採用するのは、パワートレーンやボディーなど領域（ドメイン）ごとにドメインECUを配置する「ドメインアーキテクチャー」である。今後、コネクテッドと自動運転を連携させるような大規模なシステムを実現するためには、より大規模な統合ECU（セントラルECU）が必要だが、「すべてがこれに置き換わるわけではない」(同氏)。

特に、センサーやアクチュエーターの制御を伴うシステムの場合、統合ECUに機能を取り込むことが難しい。例えば、「アクチュエーターの動きをセンサーで検知しながらリアルタイムに制御するようなシステムでは、ECUをアクチュエーターの近くに配置しないと通信が成り立たないことがある」(同氏)。いわゆる“反射神経”に相当する部分は、マイコンベースの従来型ECUを必要とする。

旧型ECUと新型ECUの両にらみ

アイシングループでは、こうした従来型のECUに加え、統合ECUの開発も進めている。従来型のECUの場合、ソフト開発手法はあまり変わらない。仕様書を厳密に作り、ソフトを実装して、テストをする「ウオーターフォール型」と呼ばれる手法が多い。最近はその中でも、仕様書の代わりに「シミュレーションモデル」を使って、上流工程で十分に機能を検証してから実装する「モデルベース開発」に力を入れている。

一方、統合ECUでは「アジャイル型」や「スクラム型」といったIT分野で使われている開発手法が求められるという。仕様書が厳密に固まる前に、まずは“動くソフト”を作って提供し、ユーザーのフィードバックを受けながら修正を重ねて完成度を高める。こうした手法は、トヨタグループで自動運転ソフトを開発するトヨタ・リサーチ・インスティテュート・アドバンスト・デベロップメント（TRI-AD）が取り入れている。

アイシン精機はTRI-ADに出資し、技術者も出向させている。米国シリコンバレーでソフト開発を経験したTRI-ADの技術者から、ノウハウを吸収している（**図5-8**）。「出向メンバー以外も、TRI-ADのスクラム開発の研修を受講したり、スクラムマスターの資格を取ったりしている」（植中氏）。

図5-8　シリコンバレー流を教えるTRI-ADの「Dojo（道場）」
TRI-ADにはシリコンバレー流のソフト開発手法を教えるDojoと呼ぶ教育プログラムがある。写真は記者向け体験会の様子。（写真：日経Automotive）

ビークルOS向けにソフトを構造化

アイシン精機はビークルOSへの対応も進めている。ビークルOSでは、独自のアプリケーション・プログラミング・インターフェース（API）を通じてさまざまな機能を実現する。このため、「自動車メーカーのAPIにうまく合致するようなソフトの構造設計（モジュール化）が欠かせない」（植中氏）とする。

このような開発は、アイシン精機本体のほか、19年10月にアイシン・コムクルーズとエィ・ダブリュ・ソフトウェアを経営統合して設立したアイシン・ソフトウェアでも進めている。アイシン精機がビークルOSに合致するソフト構造の仕様を決め、その方針に基づいてアイシン・ソフトウェアがモジュールを開発する。ただ、「実際には一緒にやっており、アイシン精機がモジュールを開発したり、アイシン・ソフトウェアが上流のソフト構造を設計したりすることもある」（同氏）。

横串の組織でソフト開発

アイシングループが扱うECUは幅広い。自動変速機（AT）やブレーキの制御ECUから、ドアやサンルーフなどのボディー系ECU、カーナビや自動駐車システム、運転者監視システム（DMS）などの情報系ECUまで手掛ける。それぞれのECUでばらばらにソフトを開発するのではなく、グループ横断型の組織が開発を一元化し、効率を高める考えである。

その組織が、植中氏がトップを務める「電子センター」だ。アイシン精機は21年4月にアイシン・エィ・ダブリュ（アイシンAW）と経営統合するが、これに先立ち20年4月に社内カンパニー制を導入した。カンパニーは事業別に「パワートレイン」「走行安全」「車体」「アフターマーケット」「ライフスタイル＆エネルギー（L＆E）」「コネクテッド・アンド・シェアリング・ソリューション（CSS）」の6つに分かれる。6カンパニーのソフト開発を横串で担うのが、電子センターである。

電子センターの前身は、17年4月に立ち上げた「情報・電子バーチャルカンパニー」である。アイシンAWでカーナビを開発していた情報系の技術者と、アイシン精機でボディー制御を担当していた技術者が連携し、統合ECUの開発などを進めてきた。現在は、電子センター内の「電子制御プラットフォームグループ」がその開発を継続している。同グループの人員は約20人とする。

開発中の統合ECUでは、運転者が車に乗り込む際に、DMSで個人を識別し、ユーザーの好みに合わせてシートの位置を自動的に調整するなどの機能を想定している。また、ユーザーの好みをクラウドで分析し、システムがユーザーに対してさまざまな提案を行うことも想定する。この技術は、20年1月に開

図5-9　CESで展示したコンセプトカー
車内外の障害物や乗員をセンサーで監視し、自動運転車の安全・快適な乗り降りを支援する。（写真：アイシン精機）

催された世界最大のエレクトロニクス見本市「CES」で展示したコンセプトカー「アイモビリティー タイプ-C 20（i-mobility TYPE-C 20）」にも生かされているという（図5-9）。

IT分野からの技術導入はリスクも伴う

ビークルOSを搭載した統合ECUでは、IT分野からの技術導入が加速するとみられる。IT分野で既に開発済みの技術を車に積極的に導入することで、ユーザーが求める機能をタイムリーに提供できる可能性がある。リソース不足にあえぐ自動車業界にとっては朗報かもしれない。

その一方で、「第三者が開発した技術を車に取り入れた際に、どのようにシステム全体を検証していくのかは、まだ課題が残る」（エレクトロビット日本セールスマネージャー、プロダクトセールス インフラストラクチャーの島本泰光氏）との指摘がある。

ビークルOS上で動くソフトは、決められたAPIに対してしかアクセスできないため、基本的には第三者が開発したソフトであっても車両制御に影響を及ぼす可能性は低い。統合ECUもアプリケーション領域、セーフティー領域、セキュリティー領域というように、システム領域を区分けして互いに影響が及ばないようにしている。しかし、それでも本当に車の安全性を確保できるのかどうかははっきりしない。

第三者が自由にアプリを作れるスマホでは、不正アクセスやサイバー攻撃の報告が後を絶たない。車でも同じことが起きる可能性がある。IT系の技術を活用しながら、車の安全性とセキュリティーをどう担保していくのか、大きな課題といえそうだ。

5-3
待ったなし！ サイバーセキュリティー対策

車のソフトウエア開発で避けて通れないのが、サイバーセキュリティーの対策である。これまでは、自動車メーカー各社が個別に対策してきたが、2022年からいよいよ欧州で義務化される方向だ。その場合、新規格「ISO／SAE 21434」に準拠する車でないと、型式認証を取得できず、欧州で販売できなくなる。残された時間は少ない。対応は、待ったなしの状況だ。

車のサイバーセキュリティー対策が、2022年から欧州で義務化される方向になった（**図5-10**）。この規制は国際連合欧州経済委員会（UNECE）の「自動車基準調和世界フォーラム（WP.29）」で策定中のものである。型式認証の要件にセキュリティーの項目を盛り込むため、欧州で車を販売する自動車メーカーに

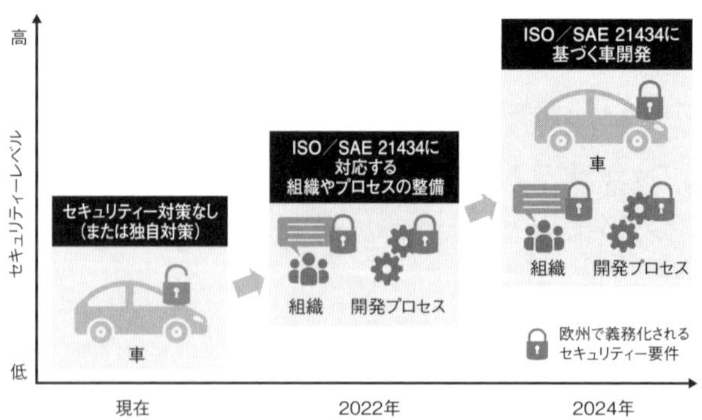

図5-10　22年から欧州でセキュリティーが義務化される
欧州で22年に始まるセキュリティーの義務化は、まずは組織やプロセスの整備状況を問う内容になりそうだ。ただし、24年からはその体制下で開発された車が求められる。（作成：日経Automotive）

図5-11　世界に広がる可能性
濃い灰色で示したのが、国際連合欧州経済委員会（UNECE）の1958年協定の締約国で、WP.29に準拠する。欧州はもちろん、日本や韓国、ロシアなどが含まれる。北米と中国は入っていないが、同様の規制を作るとみられる。（出所：UNECE）

とっては対応が必須となる。

規制の背景には、コネクテッドカーや自動運転車に対するサイバー攻撃のリスクが高まっていることがある。これまでも欧米フィアット・クライスラー・オートモービルズ〔Fiat Chrysler Automobiles、FCA、現・欧州ステランティス（Stellantis）〕の「ジープ（Jeep）」や、米テスラ（Tesla）の電気自動車（EV）へのサイバー攻撃の事例が報告されてきた。車両を外部から遠隔操作されるなど、人命に直結するリスクが指摘されている。

欧州では22年以降、新車へのコネクテッド機能の搭載が義務化される方向である。コネクテッドカーを通じてデータの利活用を進める狙いだが、サイバー攻撃を受けるリスクが増大する。このため、欧州ではWP.29の型式認証にサイバーセキュリティー対策を盛り込むことで、強制的に対策を促す考えだ。

この規制は欧州に限らず、WP.29に準拠する日本や韓国、ロシアなど50以上の国や地域に広がるとみられる（**図5-11**）。中国や北米はWP.29に準拠していないものの、WP.29とほぼ同等の規制を独自に導入する方向である。

新規格「ISO／SAE 21434」

WP.29の型式認証では、自動車メーカーはサイバーセキュリティーに関する

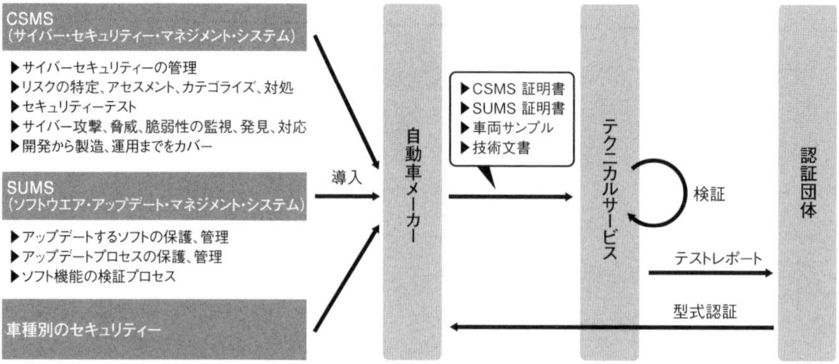

図5-12　WP.29の型式認証の仕組み
自動車メーカーはCSMS証明書とSUMS証明書を、テュフ（TÜV）などのテクニカルサービスに提出し、認証団体から型式認証を取得する。（日本シノプシスの資料を基に日経Automotiveが作成）

要件「サイバー・セキュリティー・マネジメント・システム（CSMS）」とソフト更新に関する要件「ソフトウエア・アップデート・マネジメント・システム（SUMS）」を満たし、「CSMS証明書」「SUMS証明書」を審査会社に提出することが求められる（**図5-12**）。サイバーセキュリティーは日進月歩で進化するため、無線で車載ソフトを更新するオーバー・ジ・エア（OTA）とセットで態勢を整える必要がある。

CSMSやSUMSの具体的な中身については、国際標準化機構（ISO）と米自動車技術会（SAE）が共同で策定中の国際標準である「ISO／SAE 21434」を参照する必要がある。すなわち、WP.29の型式認証を取得するためには、ISO／SAE 21434への準拠が求められる。その対象は自動車メーカーや1次部品メーカー（ティア1）だけではなく、電子制御ユニット（ECU）に関わる2次以降の部品メーカーも含まれる見通しである。

ISO／SAE 21434は国際規格案（DIS）が20年2月に公開された。現在は最終レビュー中であり、「問題がなければ20年後半、何らかの更新があった場合には21年初頭に最終版が出る」（日本シノプシス プリンシパルオートモーティブセキュリティストラテジストの岡デニス健五氏）という。

セキュリティー人材の確保が困難

CSMSやSUMSはサイバーセキュリティーを担保するための組織的な管理体制やプロセスを規定するもので、車の開発、製造、販売後の運用までをカバーする内容となっている。具体的には、サイバーセキュリティーの管理チームを発足させ、プロセスを定義し、開発チームがプロセスに従うための仕組みを整備する。リスク評価手法やその結果への対処方法、セキュリティーテストの内容などを定義し、車を販売した後のセキュリティー監視方法や脆弱性が発見された際の対処方法も決める。また、OTAが正しく実施される体制も整備する。

このようにWP.29やISO／SAE 21434への対応では、組織的な変更が必要になることが多く、企業によっては対応に時間がかかる。今すぐに準備しないと22年に間に合わない。特に「サイバーセキュリティーに精通した人材を確保することは容易ではない」との指摘が多い。

また、2次以降の中小部品メーカーがすべて対応するのは難しいとの指摘もある。このため、自動車メーカーやティア1よりも要件を緩和すべきとの議論も進んでいるようだが、具体的な決定はWP.29やISO／SAE 21434の最終版を待つ必要がある。

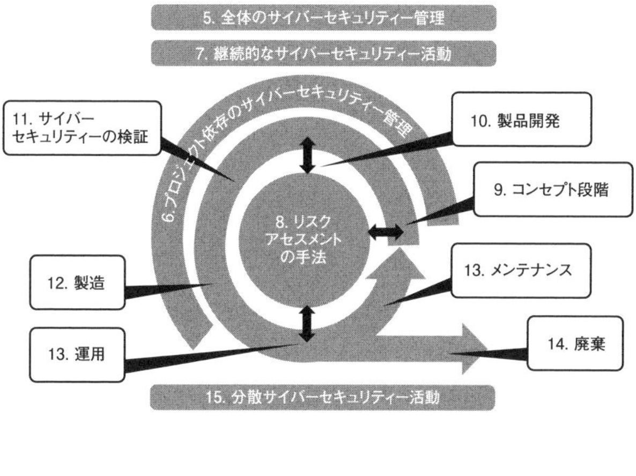

図5-13　ISO／SAE 21434の概要
数字は規格文書のセクション番号を示す。セクション1～4は資料の説明のため省略している。セクション5以降で具体的な内容を規定する。（日本シノプシスの資料を基に日経Automotiveが作成）

ISO／SAE 21434は、16年に出された規格SAE J3061（サイバーフィジカル車両システムのためのサイバー・セキュリティー・ガイドブック）をベースに、要件をより具体化した内容である（**図5-13**）。このため、SAE J3061への対応時に組織変更を済ませた自動車メーカーやティア1は影響が軽い可能性がある。その一方、対策がこれからになる企業は、これを機にサイバー・セキュリティー・チームの発足や増員、テストプロセスの追加、テスト機材の導入などを進めることになる。

新たなIT投資が必要になる場合も

22年に欧州で義務化されるのは、組織やプロセスの整備状況を問うもので、実際に車がその組織／プロセス下で開発されたかは問われない。22年に欧州で販売する新車は、WP.29やISO／SAE 21434の詳細が固まっていない現在、既に開発が進んでいるためだ。ただ、24年からは実際に車がCSMSやSUMSの要件に沿って開発されたことを証明する必要がある。

このように、自動車セキュリティーの義務化は、段階的に強化される方向だ。場合によっては「新たなITシステムへの投資が必要になる」（KPMG FAS グローバルストラテジーグループ ディレクターの池田晴彦氏）という。例えば、他のISO規格では製品のトレーサビリティーを担保するために、ITシステムによるログの管理が求められている。こうした内容がISO／SAE 21434の正式な要件になれば、2次以降の中小部品メーカーであっても多くのIT投資が必要になる。

とはいえ、「プロセスの管理を人手に頼るのではなく、ITシステムによって自動化し、監査証跡をすぐに出せるようにしておくことは非常に重要」（池田氏）といえる。中小メーカーではITシステムが古く、情報を紙で管理している場合も多い。新型コロナウイルス感染症の影響で紙やハンコに頼る旧式の管理体制を見直す動きが広がっているが、自動車業界もこれを機に社内のデジタル化を進めるべきなのかもしれない。

取引関係を切られるリスク

大手自動車メーカーやティア1は規制への準備を着々と進めている。ドイツの3大自動車メーカー（ジャーマン3）の1社では「経営課題の1つとして大規模なリソースを投入している。3年間のプロジェクトで進めており、現在は1年目だ」（あるサービス提供会社）という。トヨタグループも、以前からトヨタ自動車を中心に独自のセキュリティーコンセプトを作り、それを実現するためのシステム構築を行ってきた。その取り組みの延長としてWP.29やISO／SAE 21434に対応するものとみられる。

ティア1もISO／SAE 21434のセキュリティープロセスを順守できる組織体制を構築したり、さまざまな文書（ドキュメント）を整備したりしている。「最近、この辺のメドがやっと見えてきた。（22年に型式認証が始まるため）かなりタイトに準備しているところだ」（アイシン精機）。

ただ、メーカーの対応には温度差がある。自動車メーカーの中でも欧州の販売比率が低い企業や、中小規模のメーカーでは、対策が後手に回っているようだ。しかも、規制は欧州に限らず、世界中に広がる見通しであり、対策が遅れれば競争力の低下につながりかねない。また、ティア1に部品を納める中小の部品メーカーでは「対応はまだほとんど進んでいない」（アイシン精機）という。「規制そのものを知らない場合も多い」（KPMG）との指摘もある。中小の部品メーカーで対策が遅れると、取引関係を切られるリスクがある。

「ISO 26262」とは似て非なるもの

また、ISO／SAE 21434は、機能安全規格の「ISO 26262」と共通点が多く、「担当者が同じか、または非常に近いことが多い」（ベクター・ジャパン トレーニング部マネージャーの中村伸彦氏）という。仕組み自体が非常に似ており、ドキュメントが重複する部分もある。

ただし、ISO／SAE 21434はサイバーセキュリティーが対象のため、外部の脅威に対抗する必要があり、考慮すべき範囲が広いという特徴がある。さらに、ISO 26262は自社で実施すればよかったのに対し、ISO／SAE 21434は認証を取得できないと車を販売できなくなることから、「より厳格な対応が求められる」（アイシン精機）。

ティア1はISO／SAE 21434に対応すれば、自動車メーカー各社の要求に個別に対応する必要はないのだろうか——。答えは「否」。ISO／SAE 21434で規定するのは、全体的なスキームであり、自動車メーカーで対応する部分と、ティア1で対応する部分が明確に決まっていない。自動車メーカーによって、ティア1が対応する部分がまちまちになる可能性が高い。

今後、ティア2以降の対策を進める際にも、ティア1がすべて担当するのか、自動車メーカーも共同で担当してくれるのか、議論になりそうだ。

5-4
トヨタ、自前のOSでエコシステムの主役に

車の付加価値がソフトウエアにシフトする中、自動車メーカーはIT業界の手法を駆使して統合電子制御ユニット（ECU）を開発するなど、新たな取り組みを始めた。ただし、それだけでは、自動車市場で支配力を強めるIT企業に勝つことは難しい。ものづくりを知り尽くした自動車メーカーならではのソフト戦略が必要だ。トヨタ自動車は、実験都市「ウーブン・シティ（Woven City）」の建設において、ソフトを中心にものづくりを変革する「ソフトウエアファースト」の考え方を導入する。

「開発したソフトウエアやサービスを、さまざまなハードウエアプラットフォーム上に展開（デプロイ）できるようにする」。トヨタ自動車が進める実験都市「ウーブン・シティ（Woven City）」のソフト戦略を担当するウーブン・プラネット・ホールディングス最高経営責任者（CEO）のジェームス・カフナー（James Kuffner）氏はこう説明する（**図5-14**）。

ウーブン・シティでは、乗用車やマース（モビリティ・アズ・ア・サービス、

図5-14　新たなソフト戦略で挑むウーブン・シティ
(a) ウーブン・シティのソフト戦略を担うウーブン・プラネットCEOのジェームス・カフナー氏。(b) 静岡県裾野市に建設するウーブン・シティのイメージ。（出所：トヨタ）

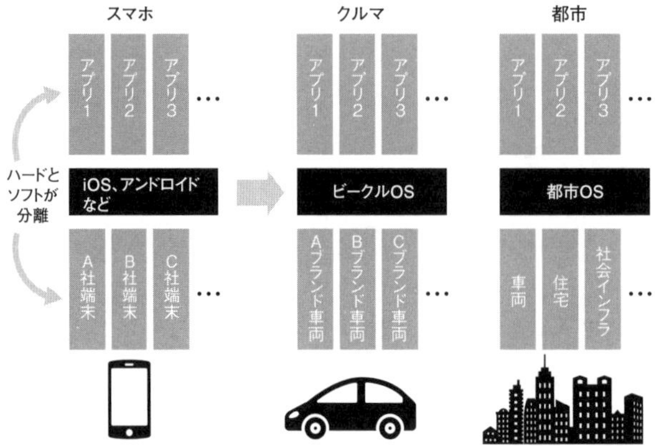

図5-15　ハードとソフトが分離
スマホで起きた変化が車でも起きつつある。さらに都市レベルに広げることで社会課題の解決を目指す。
（作成：日経Automotive）

MaaS）車両、交通／充電インフラ、住宅、介護機器、ロボットなど、さまざまなシステムを駆使して社会課題の解決を目指す。その際、個々のハードごとにソフトを開発するのは効率が悪く、システム間の連携も難しい。そこで、「都市基本ソフト（OS）」のような共通のソフト基盤を導入し、ハードの違いを超えてアプリやサービスを開発、連携させる。ウーブン・シティの建設は2021年2月に静岡県裾野市で始まる。

こうしたソフトを主軸とするアプローチは「ソフトウエア・デファインド・アーキテクチャー（SDA）」などと呼ばれ、IT業界では一般的だが、自動車や社会インフラなど、ハードとソフトが強く結びついた領域では新たな取り組みとなる。目指す方向性は、スマートフォンにおける米アップル（Apple）の「アイオーエス（iOS）」や米グーグル（Google）の「アンドロイド（Android）」などに近い（**図5-15**）。

スマホの場合は自前のOSを持つIT企業がプラットフォーマーとして躍進した半面、ハードの陳腐化が加速し、多くの携帯電話機メーカーが市場から撤退した。車も同じ道をたどる可能性が高い。自動車メーカーは車両を生産し販売する従来の事業モデルだけでは、かつての携帯電話機メーカーのように淘汰されかねない。トヨタはウーブン・シティを通じて自前のOSを確立し、人々の生活に密着した新たなエコシステム（生態系）の主役になることを目指す。そのために「ソフトウエアファースト（ソフト第一）のものづくり」（トヨタ社長の豊田章男氏）への転換を急ぐ。

ビークルOSで複雑さの課題を克服

新型コロナウイルス感染症（COVID-19）の世界的な広がりによって、様々な産業で「デジタル化」が叫ばれるようになった。自動車業界では以前からCASE（コネクテッド、自動運転、シェアリング、電動化）への対応にデジタル化やソフト強化が必要といわれていたが、新型コロナウイルスの影響で一段と加速している。

自動車のデジタル化で中心的な役割を担うのが、「ビークルOS（またはオートモーティブOS）」と呼ばれるソフト基盤である。独フォルクスワーゲン

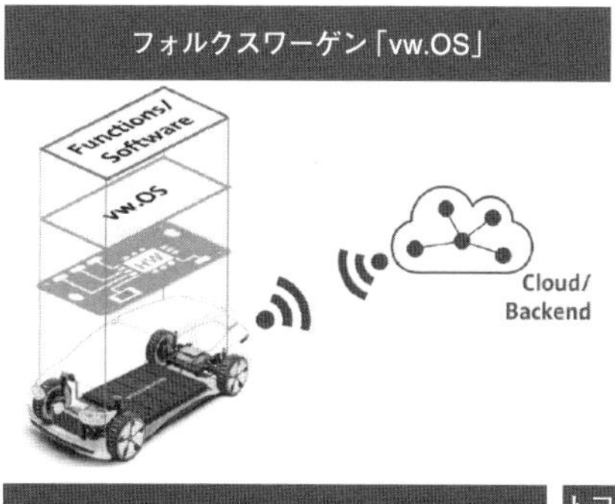

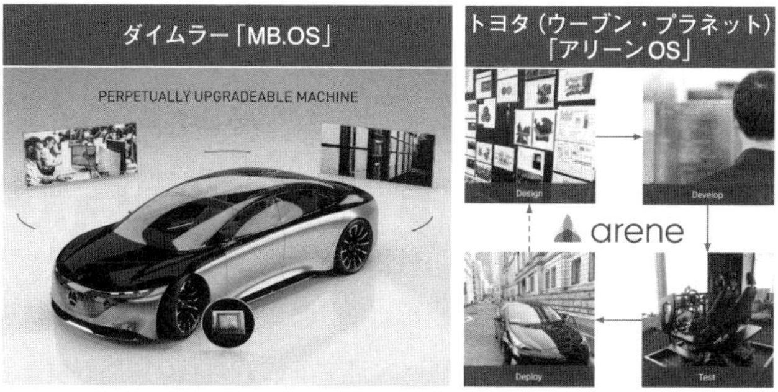

図5-16　ビークルOSを導入し、ソフトの内製比率を高める
大手自動車メーカーや高級車メーカーを中心に独自のビークルOSを導入する動きが目立つ。（出所：VW、ダイムラー、ウーブン・プラネット）

(Volkswagen、VW）の「vw.OS」や、同ダイムラー（Daimler）の「メルセデスベンツ・オペレーティング・システム（MB.OS）」、トヨタ（ウーブン・プラネット）の「アリーンOS（Arene OS）」などが代表例だ（**図5-16**）。アリーンOSは冒頭のカフナー氏が指摘するように都市への展開も視野に入れている模様だが、まずは車での実用化が課題だろう。

ビークルOSはさまざまなアプリやサービスの土台であり、自動車メーカーが構築するプラットフォームの要となるが、同時に複雑化するソフト開発を効率化する仕組みでもある。現在、自動車の電子制御ユニット（ECU）はコネクテッドや先進運転支援システム（ADAS)、自動運転システム、統合コックピットなどを中心にソフトが複雑化、大規模化している。ビークルOSによってハードとソフトを分離すれば、ハードを意識せずにソフト（アプリやサービス）を個別に並行開発できる。

実際、VWは電気自動車（EV）「ID.3」にvw.OSを導入したが、これはデータプラットフォームというよりは、開発効率を高める狙いが大きい。ID.3の統合ECU開発を担当した独コンチネンタル（Continental）のソフト子会社によると、3つある統合ECUのうち1つを開発するだけでも600人のソフト技術者が延べ200万時間を費やす一大プロジェクトとなった（5-5参照)。ビークルOSなしで開発するのは困難だったといえる。

自動車にもアジャイルやデブオプスを

ビークルOSとセットで重要になるのが、開発やシミュレーション、テストなどのツール群（開発インフラ）である。スマホと違い、車の場合はソフトの品質が人命に関わる。いかに安全かつ効率的なシミュレーション／テスト環境を構築できるかが自動車メーカーの腕の見せどころとなる。

こうした開発インフラは「ソフト工場」などと呼ばれ、トヨタやVW、ダイムラー、独BMW、スウェーデン・ボルボ（Volvo）など、多くの自動車メーカーが力を入れている。特にSDAを指向し、ソフトの内製比率を高めようとしている自動車メーカーにとっては、競争力の源泉となりそうだ。

ソフト工場では開発手法に“IT流”や“クラウド流”を取り入れる。これまでは綿密に定められた計画に沿ってソフトを開発する「ウオーターフォール型」が多かった。しかし、この手法では、市場環境やユーザーニーズの変化に迅速に対応しにくい。そこで成熟度が低くてもひとまず完成品のソフトを市場に出し、ユーザーの声を聞きながら小規模な変更を素早く繰り返して改善していく。こうした手法は「アジャイル開発」や「デブオプス（DevOps）」などと呼ばれる。IT業界では一般的だが、ソフト強化を目指す自動車業界にも広がり始めている（5-6参照）。

アジャイル開発やデブオプスといった取り組みは、自動車を標的とするサイバー攻撃に対処する上でも重要だ。小規模な変更を素早く繰り返すアプローチは、オーバー・ジ・エア（OTA）によるソフト更新そのものだからだ。

5-3で解説した通り、国際連合欧州経済委員会（UNECE）の「自動車基準調和世界フォーラム（WP.29）」は20年6月、自動車のサイバーセキュリティー対策を義務化する指針を採択した。21年1月に発行し、欧州では22年から新車の型式認証に適用される見通しである。自動車のサイバーセキュリティーに関する標準規格「ISO／SAE 21434」への準拠が求められており、準拠しない新車は型式認証を取得できず、欧州で販売できなくなる。車両の開発、製造時の対策に加え、販売から廃車に至る自動車のライフタイム全体で対策が求められるため、ソフト更新は必須となる。

IT企業がビークルOSに参入

ソフト強化にかじを切る自動車メーカーだが、すべての企業が独自のビークルOSを持てるわけではない。ビークルOSには巨額の投資が必要であり、中小規模の自動車メーカーにとっては敷居が高いのが実情である。こうした状況を好機と捉え、IT企業がビークルOSに参入し始めている。

グーグルが車載情報システム（IVI）向けに提供している「アンドロイド・

オートモーティブOS（Android Automotive OS）」もその1つだ。現状では、車両ECUへのアクセスが制限されており、スマホアプリに近いものしか実現できないとされる。今後どのように進化するのか注目する必要がある。また、米アマゾン・ドット・コム（Amazon.com）の子会社は、車載OS「QNX」を手掛けるカナダ・ブラックベリー（BlackBerry）と組み、車両データを収集し有用な情報（インサイト）に変えるデータプラットフォームの構築に乗り出した（5-7参照）。これもビークルOSに近いアプローチとして注目できる。

自動車メーカーは、“IT流”のノウハウを取り入れてソフト強化を図っているが、それだけではIT企業に勝つことは難しい。スマホと車の違いは、人命に関わる安全性やセキュリティーを考慮しているかどうかという点にある。厳しい安全基準や法規制によって洗練されてきたハードの強みを、ソフトにも生かすことが求められている。ビークルOSやソフト工場の中に、安全性やセキュリティーを担保する仕組みをどう組み込むかが競争軸になる。

ここでソニーの事例が参考になる。車を造ったことのなかった同社は、自動車部品メーカーとの協業によってソフト定義の実験車両「ビジョンS（VISION-S）」を開発した（**図5-17**）。その過程で「車がいかに大変なものか、奥深いものか、学んだ」（同社）という。特に公道試験に必要な保安部品や法規制への対応などで苦労したそうだ。ソニーは車両を販売しない計画だが、「実

図5-17　公道試験をするソニーの「ビジョンS」
ソニーは車両を販売する計画はないものの、モノのインターネット（IoT）戦略の一環として、ソフト定義のクルマを重視しており、実験車両「ビジョンS」を開発している。21年1月の世界最大のエレクトロニクス見本市「CES」では、欧州での公道試験の開始を発表した。（出所：ソニー）

際に車を造ってみないと分からないことがたくさんあった」（同社）と指摘する。また、これを年間数百万台の規模で量産している自動車メーカーは「異次元の領域と感じた」（同社）とも述べた。

その一方で「車の乗り心地などをソフトによって制御できそうだ」（同社）とも指摘している。車の難しさを真摯に学ぶIT企業は、自動車メーカーにとっては脅威である。自動車メーカーもITのノウハウを積極的に学ぶべきだろう。その上で、ものづくりで培った安全性や信頼性、セキュリティーの強みを、ソフトに組み込むことが重要になる。

5-5

VW、IT流の知恵で 複雑化するソフト開発を乗り越える

独フォルクスワーゲン（Volkswagen、VW）の新型電気自動車（EV）「ID.3」は、オーバー・ジ・エア（OTA）に対応した大規模な統合電子制御ユニット（ECU）を搭載する。そのソフトウエア開発は、実に600人のソフト技術者が延べ200万時間を費やす大規模なプロジェクトとなった。従来の開発手法が通用しない中、同社は、IT分野のさまざまな知恵を活用することで大規模プロジェクトを乗り切った。

「複雑化する車のソフトウエア開発を乗り切るためには、新たな知恵が必要だ」。独コンチネンタル（Continental）のソフト子会社、同エレクトロビット（Elektrobit）のビジネス・マネジメント担当エグゼクティブ・バイスプレジデントであるマーティン・シュライヒャー（Martin Schleicher）氏はこう指摘する（**図5-18**）。

図5-18　エレクトロビットのマーティン・シュライヒャー氏
統合ECUの開発には、IT分野の技術が欠かせないと指摘する。（出所：エレクトロビット）

同社は独フォルクスワーゲン（Volkswagen、VW）の新型電気自動車（EV）「ID.3」の統合電子制御ユニット（ECU）「アイキャス1（ICAS1）」のソフト開発を手掛けた（**図5-19**）。コンチネンタルとエレクトロビットを合わせて計600人のソフト技術者が延べ200万時間を費やして開発したという。

通常、ECUのソフト開発はアクチュエー

ター制御などの小規模プロジェクトなら約10人、車載情報システムや先進運転支援システム（ADAS）といった大規模プロジェクトでも数百人であり、「600人という規模は初めて聞いた」（ECU開発者）との声もある。

図5-19　VWの新型EV「ID.3」
セントラルゲートウエイとボディー系ドメインECUの機能を併せ持つ統合ECU「アイキャス1（ICAS1）」を搭載する。（出所：VW）

アイキャス1はコンチネンタルの統合ECU「ボディー系ハイパフォーマンスコンピュータ（HPC）」をベースとする（**図5-20**）。クラウドとの接続や、車載ネットワークのルーター機能を担う「コネクテッドゲートウエイ」と、車両のボディー制御機能を統合したECUである。従来のクラシックなECUと異なり、オーバー・ジ・エア（OTA）によるソフト更新にも対応するため、ソフト開発は車両の出荷後も続く。

ID.3はアイキャス1のほかに、「アイキャス2（ICAS2）」「アイキャス3（ICAS3）」と計3台の統合ECUを搭載する。アイキャス2とアイキャス3の詳細は不明だが、前者がADASや自動運転、後者が統合コックピットやヒューマ

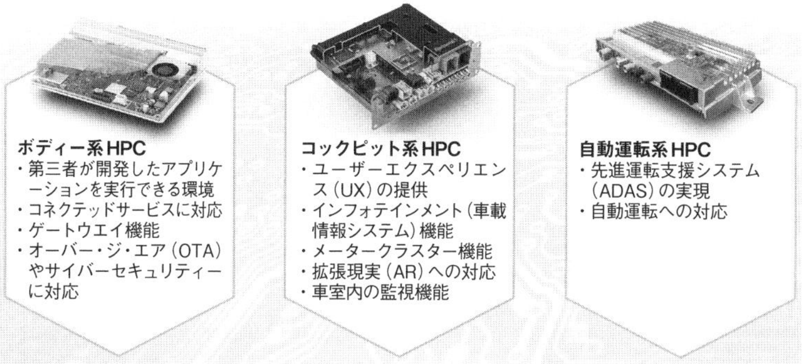

図5-20　コンチネンタルの統合ECU「ハイパフォーマンスコンピュータ（HPC）」
VWのID.3が搭載するアイキャス1は、コンチネンタルのボディー系HPCをベースとする。（出所：コンチネンタル）

ン・マシン・インターフェース（HMI）を担うとみられる。エレクトロビットはアイキャス1やアイキャス3の開発に携わったが、アイキャス1の開発だけでも前例のない複雑なプロジェクトだったとする。

ソフトの複雑さに生産性が追いつかない

現在、車のソフト開発は複雑化の一途をたどっている。米マッキンゼー・アンド・カンパニー（McKinsey & Company）の調査によると、コネクテッドや自動運転などの追加によって車のソフトの複雑さは、ソフト開発の生産性に対して2.5～3倍のペースで増えているという（**図5-21**）。ソフトの複雑さと生産性のギャップを埋めるためには、「IT業界を参考に、さまざまな知恵を取り入れる必要がある」とマーティン氏は指摘する。

その1つが、「オートモーティブ基本ソフト（Automotive OS）」と呼ぶソフト基盤を導入し、アプリケーション・プログラミング・インターフェース（API）を整備することで、各種アプリやサービスを個別に同時並行開発できるようにすることだ（**図5-22**）。パソコンやスマホの世界では当たり前のことだが、車でもOTAや統合ECUを機に重要になるという。

オートモーティブOSは「ビークルOS」とも呼ばれ、大手自動車メーカーが開発中である。現在はVWの「vw.OS」や独ダイムラー（Daimler）の「メルセ

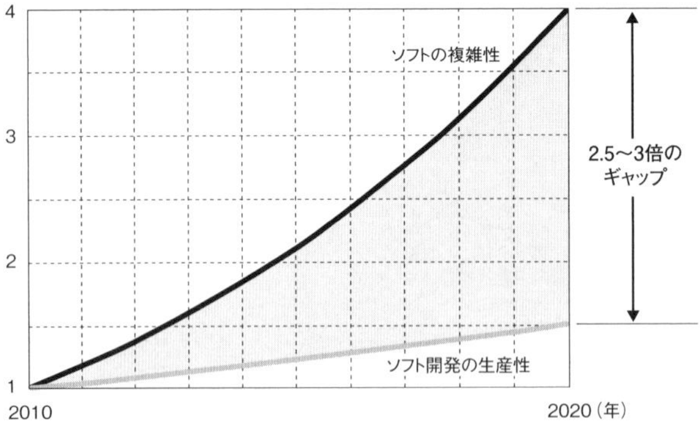

図5-21　ソフトの複雑さと生産性にギャップ
車の多機能化によってソフトの複雑性は10年で4倍に増えたが、ソフト開発の生産性は1.5倍にしかなっていない。（出所：マッキンゼー・アンド・カンパニー）

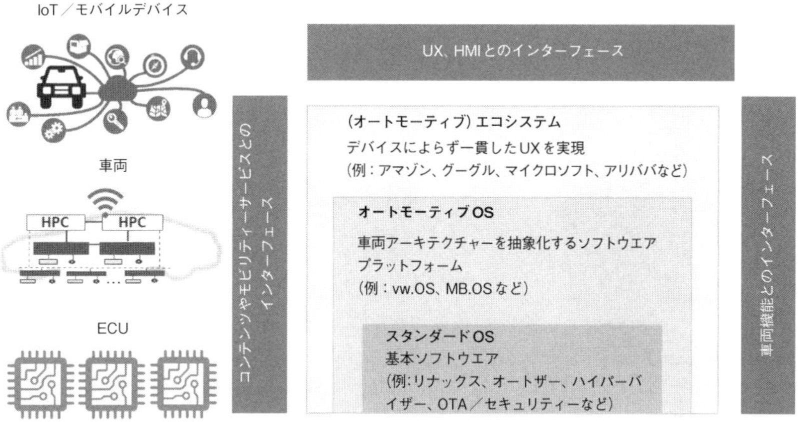

IoT：モノのインターネット　HPC：ハイパフォーマンスコンピュータ　ECU：電子制御ユニット　UX：ユーザーエクスペリエンス　HMI：ヒューマン・マシン・インターフェース　OTA：オーバー・ジ・エア　CI：継続的インテグレーション　CD：継続的デリバリー

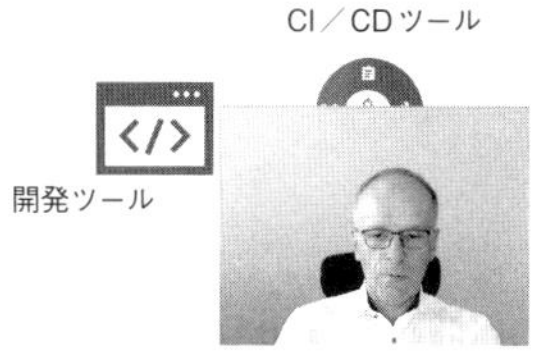

図5-22　オートモーティブOSの位置付け
オートモーティブOSは、車両アーキテクチャーを抽象化し、各種車両機能とのアプリケーション・プログラミング・インターフェース (API) を提供する。右下はオートモーティブOSについて説明するマーティン・シュライヒャー氏。(出所：エレクトロビット)

デスベンツ・オペレーティング・システム（MB.OS)」、トヨタ自動車の「アリーンOS（Arene OS)」などがある。ID.3はvw.OSを導入した最初の車だ。ソフト開発の効率化という観点に加え、自動車メーカーは自前のOSを持つことで次世代の「データプラットフォーマー」となることを目指している。

オートモーティブOSの上層には、各種サービスを提供する米アマゾン・ドット・コム（Amazon.com）や米グーグル（Google）などの「オートモーティブエコシステム」が位置付けられる。これによってユーザーは車の中でアマゾンやグーグルなどが提供する各種サービスを利用できる。ただし、グーグルはオートモーティブOSの領域も自前で手掛ける考えであり、自動車メーカーとの競争が予想される。アマゾンもカナダ・ブラックベリー（BlackBerry）と組んで車向けのデータプラットフォームの整備に乗り出している（5-7参照)。

オートモーティブOSの下層には、「リナックス（Linux)」や「オートザー

（AUTomotive Open System ARchitecture、AUTOSAR）」といった「スタンダードOS」と呼ぶ層がある。ここをエレクトロビットなどのソフト会社が手掛けている。アイキャス1の開発では、スタンダードOSとして「アダプティブ・オートザー（Adaptive AUTOSAR）」を採用した。今後、このアダプティブ・オートザーが自動車業界でどこまで普及するかが注目されている。現状ではアダプティブ・オートザーの採用実績が限定的なことから、「多くの自動車メーカーが様子見の状態だ」（エレクトロビット日本セールスマネージャーの島本泰光氏）という（**図5-23**）。今後、欧州車メーカーを中心に採用実績が増えてくると、日本車メーカーにも広がる可能性が高い。

図5-23　エレクトロビット日本セールスマネージャーの島本泰光氏
欧州の自動車メーカーを中心にアダプティブ・オートザーの採用が進むと、日本にも広がる可能性が高いと期待を寄せる。（出所：エレクトロビット）

アダプティブ・オートザーの競合としては、半導体メーカーが提供するソフト基盤などがある。ADASや自動運転の領域では、米エヌビディア（NVIDIA）や同インテル（Intel）／イスラエル・モービルアイ（Mobileye）がミドルウエアを提供している。加えて、車載情報システムなどで高いシェアを持つOSベンダーがミドルウエアを提供することもある。アダプティブ・オートザーは車両ECUに特化したミドルウエアのため、アイキャス1のようなボディー制御に向く。ADASや自動運転、車載情報システムの領域までアダプティブ・オートザーが食い込めるのか注目されそうだ。

車載SoCもバーチャル化

オートモーティブOS以外の取り組みとして、マーティン氏はバーチャル開発（仮想開発）やアジャイル開発の重要性を挙げる。

バーチャル開発とは、ハードウエアがなくても先行的にソフトの開発や評価

図5-24　オールインワン型のソフト製品群を提供
エレクトロビットは統合ECUの開発に必要なソフト群をまとめた「EB xelor」と呼ぶ製品を提供している。アダプティブ・オートザーやクラシック・オートザー、ハイパーバイザー、OSに加え、プラットフォームの管理機能なども含む。（出所：エレクトロビット）

をできるようにする技術で、従来のクラシックなECUでも利用されてきた。今後のアダプティブなECUでは、さらにバーチャル化を推し進める必要があり、マイコンに加えて、より高度な車載プロセッサー（SoC）の挙動までも仮想化することが重要になると指摘する。

エレクトロビットは統合ECU向けにオールインワン型のソフト製品群「EB xelor」を提供するが、その中で車載SoCまで含めたバーチャル開発に対応している（**図5-24**）。アイキャス1に搭載したのは、ルネサス エレクトロニクスの車載SoC「アールカーH3（R-Car H3）」だったが、EB xelorではオランダNXPセミコンダクターズ（NXP Semiconductors）の車載SoC「S32G」にも対応する。S32Gは次世代のセントラルゲートウエイ向けSoCとして、多くの自動車メーカーや1次部品メーカー（ティア1）が注目しているという。

アジャイル開発は主にIT分野で使われているソフト開発手法だ。エレクトロビットでは自社製品の開発にも取り入れている。ただ、統合ECUの開発では、企業間や部門間にまたがる開発が必要になり、従来のアジャイル開発では対応できなかった。そこで、アイキャス1の開発では「スケールド・アジャイル・フレームワーク（SAFe）」と呼ぶ手法を導入して効率化を図った。SAFeはアジャイルチーム間での仕様の調整や、連携の仕方など、企業規模でアジャイル開発を導入するための指針を定めたものだ。IT業界では既に使われているが、車業界では珍しい取り組みだという。

5-6
ソフト工場の中にトヨタ生産方式の考え方

自動車メーカーが「デブオプス（DevOps）」と呼ばれるソフトウエア開発手法に力を入れている。これは、「トヨタ生産方式（TPS）のソフト版」ともいえる取り組みで、「ソフト工場」などとも呼ばれる。既に、IT分野で実績のある効率的なソフト開発手法を取り入れることで、CASE（コネクテッド、自動運転、シェアリング、電動化）への対応力を高める狙いだ。

「ソフトウエアファーストのものづくりに転換する」――。

トヨタ自動車社長の豊田章男氏はソフト優先の考え方をこう表現する。同社は2018年以降、モビリティーカンパニーへの変革を掲げ、ソフト開発力を強

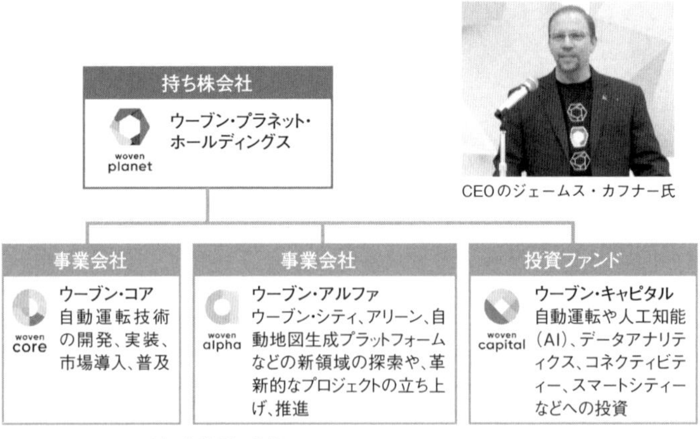

図5-25　TRI-ADが4社体制に移行

TRI-ADは21年1月にウーブン・プラネット・ホールディングスなどの4社体制に移行した。
（ウーブン・プラネットの資料を基に日経Automotiveが作成）

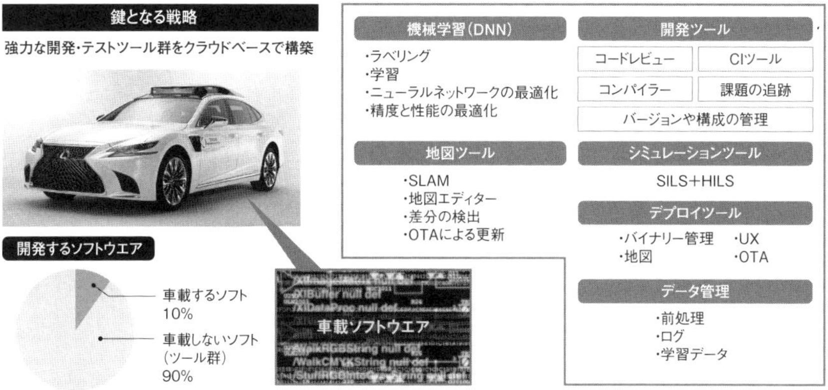

DNN:深層ニューラルネットワーク　CI:継続的インテグレーション　SILS:ソフトウエア・イン・ザ・ループ・シミュレーション
HILS:ハードウエア・イン・ザ・ループ・シミュレーション、UX:ユーザー・エクスペリエンス　OTA:オーバー・ジ・エア
SLAM:自己位置推定と環境地図作成の同時実行

図5-26　開発するソフトの9割はツール群
開発するソフトのうち、車載するのは1割で、残り9割は開発・テスト、シミュレーションなどのツール群が占める。
(出所：ウーブン・プラネット)

化してきた。18年3月にトヨタ、デンソー、アイシン精機の共同出資で自動運転ソフトの開発を担うトヨタ・リサーチ・インスティテュート・アドバンスト・デベロップメント（TRI-AD）を設立。TRI-ADは21年1月から持ち株会社のウーブン・プラネット・ホールディングス、事業会社のウーブン・コア、ウーブン・アルファ、投資ファンドのウーブン・キャピタルの4社体制に移行した（**図5-25**）。

ウーブン・プラネットは、自動運転ソフトの開発や実装に加え、静岡県裾野市に建設する実験都市「ウーブン・シティ（Woven City）」や車載ソフトの開発環境「アリーン（Arene）」、地図生成技術「自動地図生成プラットフォーム（AMP）」などを手掛ける。同社最高経営責任者（CEO）のジェームス・カフナー（James Kuffner）氏は「開発するソフトのうち、車載するのはごく一部にすぎず、開発やテストのためのツール群が9割を占める」と指摘する（**図5-26**）。このツール群こそが競争力の源泉であり、“ソフト工場”の屋台骨と考えられる。

ソフト工場の一端が明らかに

ウーブン・プラネットは20年秋に開催された米ジェイフロッグ（JFrog）主催の「オートモーティブ・デブオプス・サミット（Automotive DevOps Summit）」でその一端を示した。ソフトのコンパイルやテスト、シミュレーションなどの定型的な処理を自動化するとともに、その成果物を共有・再利用することで開発効率を高める。ソースコードを管理するバージョン管理システム（VCS）や、ビルド（コンパイルやテスト）を自動的に行う継続的インテグレーション（CI）ツール、ビルド後の成果物（アーティファクト、またはバイナリー）を保管するバイナリー管理ツール、最終的なソフトを車両などに配布する継続的デリバリー（CD）ツールなどで構成する。

これらのツール群はクラウド環境で動作し、ウーブン・プラネットの開発者だけではなく、トヨタをはじめグループ内の開発者も利用できる。これによって、複数の開発者による同時並行開発が可能になる。遠隔（リモート）での開発もしやすく、世界各国での分散開発や、新型コロナウイルス感染症への対策

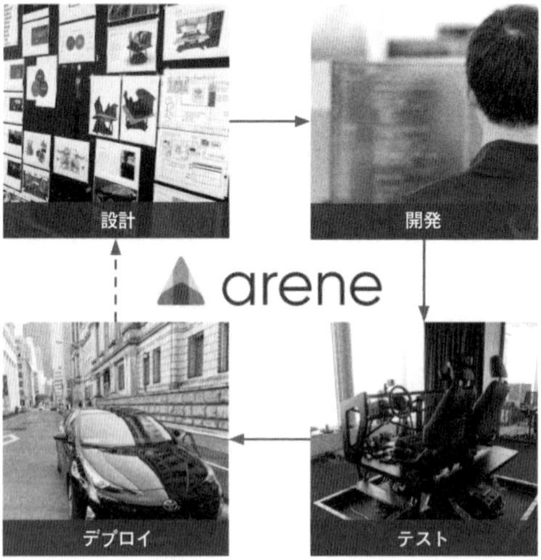

図5-27　車向けのソフト開発環境「アリーン（Arene）」
アリーンは、車用のアプリやサービスを第三者が開発できるオープンな環境を目指す。開発したアプリは、「アリーン基本ソフト（Arene OS）」を搭載した車両で動作する。（出所：ウーブン・プラネット）

にも向く。開発者が付加価値の高い業務に集中できるように、定型的なフローは自動化しつつも、肝心な部分は人手によるテストや検証、シミュレーションなどを組み合わせることで、安全性やセキュリティーを担保する。

将来的には、こうしたソフト開発環境の一部を切り出して外部に公開し、第三者が車向けのソフト（アプリ）やサービスを自由に開発できるようにする。その構想の1つがアリーンである（**図5-27**）。

アリーンの環境で開発したソフトは、“ビークル基本ソフト（OS）”と呼ばれる自動車向けの基本ソフト「アリーンOS（Arene OS）」を搭載した車両なら、車種に関係なく動作する。ビークルOSや開発環境に車の安全性やセキュリティーを担保する仕組みを盛り込むことで、第三者による自由なソフト開発を実現する。独フォルクスワーゲン（Volkswagen、VW）の「vw.OS」や、同ダイムラー（Daimler）の「メルセデスベンツ・オペレーティング・システム（MB.OS）」も考え方は似ている。

米グーグル（Google）が車載情報システム（IVI）向けに提供している「アンドロイド・オートモーティブOS（Android Automotive OS）」も同じ仕組みである。ただ、現状では車両へのアクセスが制限されており、第三者が開発できるのは主にスマホ用のアプリに近いものになっている。

車両へのアクセスをどこまで許すかは難しい問題だ。自由度を高めれば、車ならではの様々な機能を実現できる半面、安全性やセキュリティーを確保するのは難しくなる。現状では自動車メーカーが構築するソフト開発環境（ソフト工場）は、主に社内やグループ企業内での利用を想定しているようだ。

ソフトの完成品を常時保管する

ソフト工場の主なワークフローは次のようになる。開発者は自分が担当するソフト部品のソースコードを編集し、バージョン管理システム上で確定（コミット）する。すると、継続的インテグレーションツールが自動的にソフト部品を再構築して他のソフト部品との依存関係などを調べ、問題がないかチェックする。問題があればその変更は却下され、問題がなければそのソフト部品は「完成品」としてバイナリー管理ツールに保管される。設計図であるソースコードを管理するだけではなく、ビルド後の成果物であるバイナリー（またはアーティファクト）も管理することで、常に完成品がそろった状態を維持する。最終的なソフトはいつでも配布可能な状態になり、実際に車両などに配布するかどうかは経営判断で決める。

このように、常に完成品のソフトを持ちながら、小規模な変更を素早く繰り返し、改善していく手法は「アジャイル開発」やデブオプスなどと呼ばれる。IT分野では一般的だが、自動車業界ではこれまであまり普及していなかった。車は安全性への要求が厳しく、自由度の高い開発手法を採用しにくいからだ。また、IT機器と違い、車両の電子制御ユニット（ECU）にはカスタマイズされたハードも多く、ツール群を対応させにくいという理由もあった。

ただ、今後はCASEを背景に車の付加価値がソフトにシフトするとみられており、自動車各社はアジャイル開発やデブオプスにかじを切ることで競争力を高めようとしている。ECUも、今後はIT機器に近い「統合ECU」が主流となり、カスタマイズされたハードは徐々に減る方向だ。車のサイバー攻撃に対処するためにも、ソフトを迅速に修正できるアジャイル開発やデブオプスは重要になる。

ツールよりもマインドセットが重要

ウーブン・プラネットでは18年の設立時からアジャイル開発やデブオプスを前提としてソフト工場の整備を進めてきた。その際、ツールとともに重視してきたのが「技術者のマインドセットだ」（同社）という。従来の「ウオーターフォール型」と呼ばれる開発手法に慣れた技術者の意識を変えるため、米国シリコンバレーでIT系のソフト開発を経験した技術者が講師を務める「Dojo（道場）」と呼ぶトレーニング制度などを取り入れてきた。

車とは縁遠いように思えるアジャイル開発やデブオプスだが、基本的な考え方はトヨタ生産方式（TPS）と同じとの指摘がある。例えば、何か問題が発生したら即座に継続的インテグレーション／継続的デリバリーのパイプラインを止めて、ログをさかのぼって原因を特定するといった考え方は「TPSと非常に似ている」（同社）。単にツールをそろえるだけではなく、TPSの考え方をいかにソフト工場の中に組み込むかが重要という。

同様の取り組みはビークルOSを整備しているVWやダイムラー、独BMW、スウェーデン・ボルボ（Volvo）なども力を入れている。例えば、BMWは「コードクラフト（CodeCraft）」、ボルボは「ソフトウエアファクトリー」と呼ぶ。自動車メーカーに加え、1次部品メーカー（ティア1）も取り組みを加速している。

BMWのコードクラフトは、「複数の次世代ECUプロジェクトが対象」〔同社デブオプスエンジニアおよびサービスオーナー アーティファクトリーのアレクサンダー・デンク（Alexander Denk）氏〕だ（**図5-28**）。継続的インテグレーション／継続的デリバリーシステムにはBMW内製の継続的インテグレーションライブラリーのほか、オープンソースの継続的インテグレーション／継続的デリバリーツール「ズール（Zuul）」を使う。ログのモニタリングには可視化ツール「グラファナ（Grafana）」と監視ツール「プロメテウス（Prometheus）」を組み合わせる。バージョン管理システムには「ギットハブ（GitHub）」、バイナリー管理ツールにはジェイフロッグの「アーティファクトリー（Artifactory）」を使う。

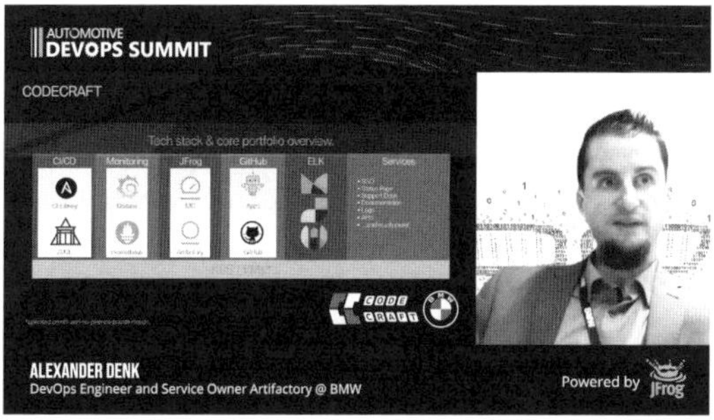

図5-28　BMWのソフト開発環境「コードクラフト（CodeCraft）」
コードクラフトは次世代ECU向けにBMWが提供するソフト開発環境である。同社のアレクサンダー・デンク氏がジェイフロッグ主催のセミナーで説明した。（出所：BMW、ジェイフロッグ）

ツール群は社内外のプライベートクラウド環境で動作し、オーケストレーションシステムには「クバネテス（Kubernetes）」を使う。「コードクラフトは2万5000個以上の仮想セントラル・プロセッシング・ユニット（CPU）を使い、1日当たり約3万件の継続的インテグレーション処理を行っている」（同氏）という。

ただし、BMWは「この手法を開発者に強制したくはない」（同氏）と説明している。例えば、アンドロイド・オートモーティブOSを使うECUの場合は、「グーグルが提供する開発環境を利用した方が効率的」（同氏）とする。また、車は安全性に関する規制が厳しいため、「コードクラフトを使いたくても使えない場合がある」（同氏）という。コードクラフトはあくまで開発者にとっての選択肢の1つという位置付けのようだ。

困ったときはCTOがサポート

オートモーティブ・デブオプス・サミットを主催したジェイフロッグによると、同社のデブオプス関連ツールはIT業界をはじめ、様々な分野で採用されており、今後は自動車業界にも広がる見通しである。「自動車メーカーによって導入の背景や時期は異なるものの、一斉にデブオプスにかじを切っている点は共通する」〔ジェイフロッグジャパン（JFrog Japan）カントリーマネージャーの田中克典氏〕という（**図5-29**）。

図5-29　ジェイフロッグジャパン（JFrog Japan）カントリーマネージャーの田中克典氏
ものづくりに強い日本の自動車メーカーがソフトの開発力を手に入れれば、次のデファクトスタンダードを握れると期待を寄せる。（出所：ジェイフロッグ）

「各社とも小規模なチームから試験的に導入し、試行錯誤をしながら他部署を巻き込み、量産への適用を拡大したいと考えている」（同氏）。その進み具合は自動車メーカーによってまちまちだが、日本

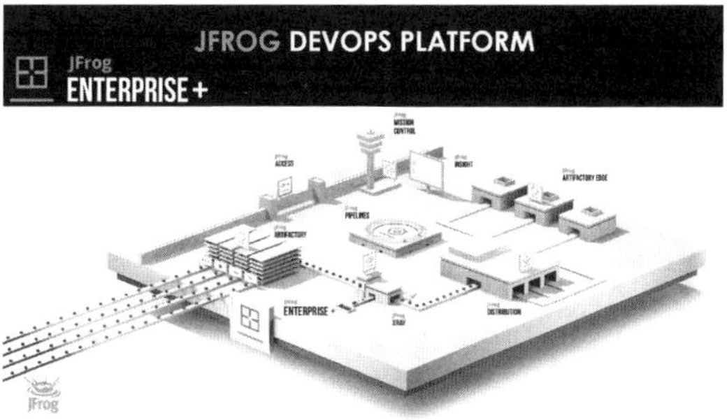

図5-30　デブオプス（DevOps）の全体をカバー
ジェイフロッグはデブオプスのフロー全体をカバーするツール群をクラウドベースで提供している。図中の点がパッケージ化されたソフト部品を指す。工場の生産ラインと同じようにソフト部品を「アーティファクトリー（Artifactory）」に保管し、「エックスレイ（Xray）」で検品し、「ディストリビューション（Distribution）」で出荷する。
（出所：ジェイフロッグ）

ではウーブン・プラネットが比較的先行しているという。「ものづくりに強い日本の自動車メーカーがソフトの強みを手に入れれば、モビリティープラットフォームでデファクトスタンダード（事実上の標準）を狙えるのではないか」（同氏）と期待を寄せる。

ジェイフロッグはバイナリー管理ツールのアーティファクトリーを中心に、デブオプス全体をカバーする複数のツール群を提供している（**図5-30**）。ソフトのセキュリティーやライセンス違反などをチェックする「エックスレイ（Xray）」、ソフトを配布するための「ディストリビューション（Distribution）」や「アーティファクトリー・エッジ（Artifactory Edge）」、継続的インテグレーション／継続的デリバリーを自動化する「パイプラインズ（Pipelines）」、フロー全体を管理する「ミッション・コントロール（Mission Control）」、認証ツールの「アクセス（Access）」、可視化ツールの「インサイト（Insight）」などだ。中でもエックスレイはソフトのセキュリティーにも関わる重要なツールだ。日々更新される脆弱性の最新情報を基にチェックしているという。

「エンタープライズプラス（Enterprise＋）」と呼ぶ最上位のサブスクリプションを購入すると、すべてのツールを利用できる。当初はアーティファクトリーのみを利用していた自動車メーカーも、最近ではエンタープライズプラスに切り替えているという。同社はユーザー数ではなく、サーバー数で課金する料金体系のため、競合他社のツールに比べて費用を抑えやすいという。他社ツール

図5-31　ベンダーロックインを回避
デブオプス関連のツールやプログラミング言語は多種多様である。このため、さまざまなツールやファイル形式をサポートすることが重要になる。（出所：ジェイフロッグ）

とも幅広く連携でき、いわゆる「ベンダーロックイン」注)を回避しやすい点も評価されているようだ（**図5-31**）。

また、地味ではあるが、「24時間、365日のサポート体制が最大の強みだ」（同氏）という。車の生産ラインが止められないのと同様に、ソフト工場の骨格をなすデブオプスのツール群も「止まることが許されない」（同氏）。

同社のサポートチームはイスラエルの研究開発部門と同じ場所にあり、研究開発チームとほぼ同じ力量のメンバーが対応するという。一定時間が経過しても解決できない場合は「研究開発部門のトップである最高技術責任者（CTO）が直接ユーザーと話をして対策する」（同氏）。実際、このサポート体制が決め手となり、過去に米国のメガバンク4行がジェイフロッグに一斉に切り替えた経緯がある。銀行に採用されたことをきっかけに、安全性を重視する自動車業界でも注目されるようになったという。

注）ベンダーロックインとは、自社システムの構成要素に特定ベンダーの製品やサービスを組み込んだ結果、他社製品への切り替えが難しくなることを指す。

5-7
データを握れ！ アマゾンが開発する自動車用データ基盤とは

自動車メーカーにとって気になる動きがある。米アマゾン・ドット・コム（Amazon.com）傘下のアマゾンウェブサービス（Amazon Web Services、AWS）と、車載基本ソフトウエア（OS）「QNX」を手掛けるカナダ・ブラックベリー（BlackBerry）が、自動車用のデータ基盤（プラットフォーム）「アイビー（IVY）」を共同開発する。どうやら、車の各種センサーデータを安全かつ容易に収集できる仕組みを構築する狙いのようだ。

カナダ・ブラックベリー（BlackBerry）が米アマゾン・ウェブ・サービス（Amazon Web Services、AWS）と共同開発する自動車用のデータ基盤（プラットフォーム）「アイビー（IVY）」とは、どのようなものなのか――。ブラックベリーアジア太平洋地域担当エンジニアリングサービスシニアディレクターのウェイユー・リアン（Weiyu Liang）氏に話を聞いた（**図5-32**）。

図5-32　ブラックベリーのウェイユー・リアン氏
車載基本ソフト（OS）の経験とアマゾンのクラウド技術を組み合わせ、車のセンサーデータを安全かつ容易に収集できる仕組みを構築するという。（出所：ブラックベリー）

車は多種多様なセンサーを搭載し、車内外のさまざまなデータを収集できるほか、コネクテッド機能を使ってクラウドとの連携も可能である。このため、車両データを活用したさまざまなサービスが期待されているものの、「実際には車特有の事情によってデータを収集・活用することが難しい」（同氏）という。

まず、車はハードウエアやソフトウエアが統一されていない。「1台の車両に100個もの電子制御ユニット（ECU）やセンサーが載っている。それらはハードやソフト、ファームウエア、OSがばらばらで、カスタマイズされたものも多い。センサーが出力するデータの形式や、通信のインターフェース、プロトコルも同じくばらばらである。このため、データを集めること自体が難しい」（同氏）とする。

データへのアクセス権限も限られている。安全性やセキュリティーなどの観点から、センサーにアクセスできる権限や、センサーデータを第三者に提供できる権限などは厳しく制限されている。権限を確保するためには、車載システムの企画・設計段階から、データ活用サービスを盛り込んでおく必要がある。しかし、そのサービスが市場のニーズに合うかどうかはやってみないと分からない面もある。「もしニーズに合わなかった場合、そこからサービスを作り直すのは非常に難しい」（同氏）。

さらに、車はスマホなどに比べてデータ端末（車両）の数が少ないという課題もある。「ユーザー数が少ないデータプラットフォームは、アプリやサービスの開発者にとっては魅力が薄い」（同氏）。

ハードやソフトの違いを吸収

リアン氏は、こうした課題をアイビーによって解決できるとする（**図5-33**）。「ハードやソフト、OSの違いを吸収し、様々なセンサーからデータを集めて人工知能（AI）で分析し、役に立つ情報（インサイト）に変えて、アプリやサービスに提供する」（同氏）。アイビー、すなわちIVYは「インテリジェント・ビークル・エブリウエア」の略とする。

具体的には、QNXの組み込みソフトやOS、オーバー・ジ・エア（OTA）の仕組みと、AWSのクラウドサービスを連携させたデータプラットフォームになっている。車両のECUやセンサーから集めた元データ（ローデータ）を車

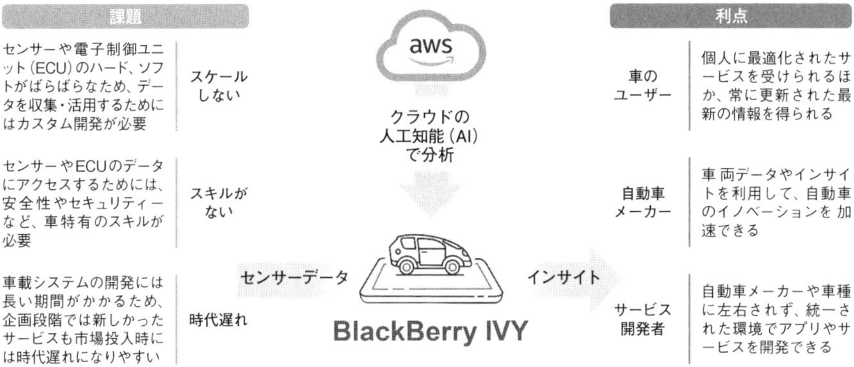

図5-33　車特有の課題を解決

車は通常のモノのインターネット（IoT）機器に比べて特殊なハードやソフトが多く、データへのアクセスも厳しく制限されている。アイビーはこうした車特有の課題を解決できるという。（出所：ブラックベリー）

載（エッジ）側で処理してからAWSに送る。その際、センサーへのアクセスや、データ処理によって、車載システムの機能安全性が損なわれないように配慮する。

「アイビーはファームウエアとしてECUに実装する」（同氏）。ただし、仕様がまだ確定しておらず、技術的な詳細は現時点では不明だ。OSもQNXに限定せず、幅広いECUで動くようにする。

データとしては、アクセル、ブレーキ、ステアリング、全地球測位システム（GPS）、加速度センサー、電池、カメラ、赤外線レーザーセンサー（LiDAR）、ミリ波レーダー、シートベルトなどの車両情報に加え、V2X（ビークル・ツー・エックス）によるインフラ側のセンサー情報も扱う。

AWSでデータを分析し得られたインサイトは、標準的なアプリケーション・プログラミング・インターフェース（API）を通じて、自動車メーカーのほか、アプリやサービスの開発者に提供される。データそのものではなく、インサイトの形に加工されているので、個人情報保護に配慮しやすいほか、車のセンサー構成やハード、ソフトなどを考慮する必要がない。

クラウドベースのアプリに加え、アイビー上で動く車載アプリも開発できる。

車載アプリはOTAで更新できるほか、データへのアクセス権限などをクラウドから一元的に管理できる。なお、現在はAWSと共同開発しているが、将来的には他のクラウドサービスとの連携も視野に入れる。

置き去り検知や運転スコア評価など

インサイトはさまざまな用途に活用できる（**図5-34**）。例えば、車室内のカメラやシートベルト、体重センサーなどのデータを人工知能で分析すると、シートに座っているのが大人なのか、子供なのか判別できる。シートに座っているのが子供で、置き去りの危険性がある場合には、運転者に警報を送る。そうでない場合は、車内の映像コンテンツを子供向けに変えたりできる。

アクセルやブレーキ、ステアリングのデータを人工知能で分析し、運転スコアを評価することも可能だ。運転者の許諾を得た上で、そのデータを保険会社に提供すれば、保険料金の割引などを受けられる。また、若い運転者の場合、危険な運転を検知したら両親などに通知を送ることもできる。

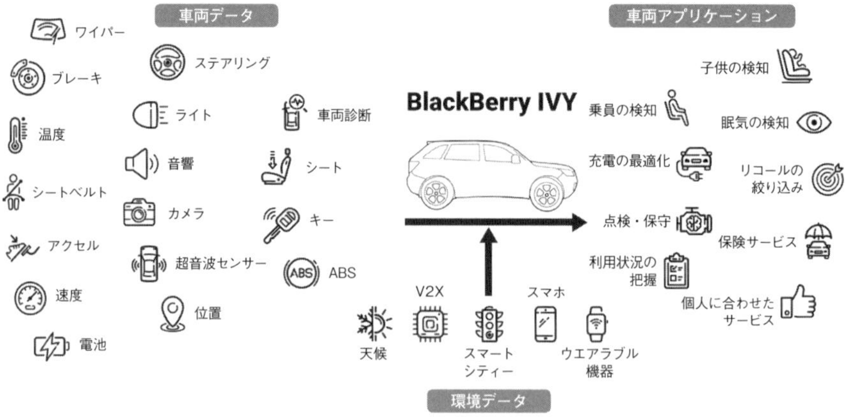

図5-34　車両データと環境データを連携
車両データを収集するとともに、クラウド上の様々な環境データと連携させることで、多種多様なアプリケーションやサービスを生み出せる。（出所：ブラックベリー）

電気自動車（EV）の場合、電池の残量と周辺の充電ステーションの情報を連携させることで、旅行時の充電計画を提案したり、充電の予約を入れたりできる。

「重要なのは、車のデータに安全にアクセスし、クラウド上の人工知能と連携して実用的なインサイトを導き出すこと。さらに、そのインサイトを標準的なAPIで提供し、オープンなサービスで利用できることだ」（同氏）。

ビークルOSと考え方は似ている

ここまで何度も述べてきた通り、こうしたデータプラットフォームは自動車メーカーが自前で整備する動きがある。繰り返しになるが、独フォルクスワーゲン（Volkswagen、VW）の「vw.OS」やトヨタ自動車の「アリーン（Arene）」などが代表例だ。ただ、「アイビーはもう少しオープンなデータプラットフォームを目指している」（リアン氏）という。「第三者がセンサーデータに簡単にアクセスできる仕組みを提供する」（同氏）。

アイビーは特定の自動車メーカーに縛られず、「様々な自動車メーカーで共通に使える」（同氏）。自動車メーカーは、アイビーで集めたデータを使って人工知能を学習させ、学習済み人工知能を車両に搭載できる。その際、データを自動車メーカー間で共有できれば、人工知能の学習精度を高めたり、ユーザー規模を拡大してデータプラットフォームとしての魅力を高めたりできる可能性がある。ただ、この点については「自動車メーカーやブラックベリー、AWSの間で話し合う必要があり、今後の契約次第だ」（同氏）と述べた。

少なくともアイビーを使えば、巨額の資金を投じてゼロからデータプラットフォームを構築する手間は省ける。ビークルOSの仕組みを構築できるのは、資金力のある一部の大手や高級車メーカーに限られるとの見方がある。そうでないメーカーは「プラットフォーム自体はアイビーを利用しながら、人工知能など自社が得意な領域に集中できる」（同氏）。今後、自動車メーカーや1次部品メーカー（ティア1）とどこまで協力関係を構築できるかが鍵になりそうだ。

第6章

私はこう見る、自動車産業の新秩序

6-1

前刀 禎明　アップル日本法人・元代表

アップルが車を再定義する

米アップル（Apple）が電気自動車（EV）に参入する観測が高まっている。「アイフォン（iPhone）」で世界を席巻したアップルなら一体、どんな車を造り、どう売っていくのか—。アップル米国本社マーケティング担当バイス・プレジデント（副社長）兼日本法人代表取締役を務めた前刀禎明氏に読み解いてもらった。

前刀禎明氏（写真：日本経済新聞社）

——アップルカーに関する報道を聞いて驚きましたか。

驚きはしなかった。米4大IT企業のGAFA〔グーグル（Google）、アマゾン・ドット・コム（Amazon.com）、フェイスブック（Facebook）、アップル（Apple）〕はどれだけ人々の生活の一部になるのか、という競争をしている。アマゾンは物流を押さえるのに加えて、米食品スーパーのホールフーズ・マーケット（Whole Foods Market）を買収して食の分野にも進出した。アップルが本社を置く米西海岸では車は生活の一部だ。車を造るのはすごく自然な流れだ。

——アップルが電気自動車（EV）に参入するなら何を目指すでしょうか。

アップルカーはライフスタイルを売ることになると思う。モビリティーによってどこでもアップルのある体験ができるという状態が実現できる。スマートフォンから腕時計型端末の「アップルウォッチ（Apple Watch）」、移動空間までシームレスにつながってほしい。例えば、移動中にアップルウォッチで健康データを取得し、異常に対応して命を守ることもあり得るだろう。

売り方としてもスマホはスマホ、車は車と分けない方がよい。車に設置するセントラル・プロセッシング・ユニット（CPU）ですべてコントロールしようとすると、5年後にはアップデートに対応できず型落ちになって使い物にならなくなる恐れがある。車の頭脳の部分は車に備え付けず、高性能なスマホを使えば済む可能性がある。

アップルカーの販売はこうなる

――アップルカーはどのような体験を提供すると思いますか。

アップルカーは必要最低限の質感の高い空間で最高の体験ができるものを目指してほしい。ソニーはEV試作車の「ビジョンS（VISION-S）」で技術を使ったエンターテインメント体験を披露したが、それは絶対に違うアプローチだと思う。技術を前面に出す必要はない。アイフォンは取扱説明書がなくても操作できる。こうしたシンプルで質感の高い商品にアップルはこだわりがある。

――アップルカーは自動運転技術をどう活用すると思いますか。

部分的には入れると思うが、自動運転車にしばらく乗ると人の運転能力は低下する。完全な自動運転車なら自家用車である必要はない。車に乗って移動するなら、エンタメ体験はせいぜい音楽で十分だろう。車内で映像を楽しむのはナンセンスだろう。そういうふうにそぎ落としていく。アイフォンが電話を新たに定義したように、アップルが車を再定義すればいい。

――アップルカーを直接販売するでしょうか。

アップルストアでの直販が適切だと思う。アップルの雰囲気と質感を体験するならアップルストアしかない。ハードウエアが同じならどこで買っても同じだという考えではない。米ウォルト・ディズニー（Walt Disney）は常にゲストの期待を超えることを目指し、ディズニーストアをつくった。アップルストアは同じようなコンセプトだ。スタッフも機能ではなく、質感について語れる人を雇うだろう。

オンライン販売もあり得ると思う。僕自身もアップル製品をアップルストアのオンラインストアで買うことがある。アマゾンで買ったからといって安くはならないからだ。アップルカーは割引するものではないので、直販が一番いいだろう。従来のディーラーから買うといった「車の販売はこうあるべきだ」というところからドラスチックに変わる可能性がある。

――アップルカーの販売価格はどうなると思いますか。

最初は1000万円を超えると思う。それでもいいんじゃないか。だからこそ、基本ソフト（OS）をアップデートし続けられるようにしないといけない。アップルカーを500万円で売ってほしくない。東京・表参道のアップルストアならアップルカーを展示して売る様子を想像できる。

6-2
中西 孝樹　ナカニシ自動車産業リサーチ代表
アップルの自動車市場参入は宿命

米アップル（Apple）の参入は、自動車産業にどのようなインパクトを与えるのか、すんなりと自動車を造ることはできるのか、成功するには何が必要なのか——。トップアナリストとして自動車産業を見続けてきたナカニシ自動車産業リサーチ代表の中西孝樹氏に話を聞いた。

中西孝樹氏（写真：日本経済新聞社）

——2021年1月以降、アップルと自動車大手による提携協議の報道が相次いでいます。受け止めは。

やはり来たか、というのが率直な感想だ。来るべきものが来た。アップルには16年ごろから自動運転プロジェクト「タイタン」があり、19年後半からそのプロジェクトが再加速し始めた話を私も耳にしていた。ソニーが20年に自動運転の電気自動車（EV）「ビジョンS（VISION-S）」を発表し、アップルも後れを取ってはならないという状況になっていた。

強気なアップルというよりも、焦りがあると考えている。タイタンは当初、20年、21年には実用化されるとみられていたが、曲折があり、ものになるところまで到達できていない。得意のユーザーインターフェース（UI）があるとしても、自動運転や電池技術の存在感はなく、肝心の次世代技術のパテントも見えていない。好調な米テスラ（Tesla）や、ソニーの動きを踏まえ、アップルにも焦りがあるだろう。本来、秘密主義のアップルなだけに、ここまで情報が漏れるのには、それなりの理由があるとみる。

――テスラの勢いが影響していると。

テスラとアップルのコアコンピタンスは重なる。アップルは当初、自動車産業にすっと入れると思っていた節があるが、相当な後れになってしまった。実際、テスラは参入に苦労した。18年の段階でテスラはかなりの確率で倒産といわれて、事業売却の話が浮上した。ところがテスラは乗り切り、劇的に変化して飛躍を遂げた。

自動車販売10万台規模のメーカーが25年には150万～170万台くらいの規模に育つ可能性が見えてきた。誰も想像できなかったことだ。主力モデルが3つそろい、飛躍の可能性を確認できたのが19～20年ごろ。このままではアップルは自動車でやろうとしていることをテスラに全部、押さえられかねない。逆算すると、アップルは25年には自動車をしっかりと販売し、30年くらいにはテスラに対抗できるポジションに立つことを見据えているのではないか。

アップルはどこと組むか

――アップルはすんなりと自動車を生産できるのでしょうか。

テスラは当初、独ダイムラー（Daimler）とトヨタ自動車と提携した。いきなり、車を「IoT（モノのインターネット）デバイス」にはできない。まずは、車を造るところから始める必要があるため、パートナーを探しているのだろう。かつて、アップルはテレビをIoTデバイスにしようともくろんだが、実現しなかった。車をIoTデバイスにするのはさらに難しい。車は安全に走って、曲がって、止まる必要がある。ここを最低限満たさないといけない。

――アップルはどんな新たな価値を訴求すると思いますか。

アップルカーは何を価値と位置付けるか。おそらく「EV×AV（自動運転車）」の価値だ。前提として自動運転を成立させることが条件となる。自動運転の先にIoTやエンターテインメントが成立する。そして、プレミアム領域を攻める。ただ簡単ではない。テスラは12年に「モデルS」を発売したが、150万台規模に到達するのは25年の見通しである。テスラですら一定の規模になる見通しが立つまで15

年近くかかった。

アップルの強みは高級品。ものすごいプレミアム商品をオンラインで売れることが強みだ。それでも25年に仮に「アップル1（Apple 1)」という車の販売にこぎ着けたとしても、規模拡大には一定の時間を要するだろう。

――どんなビジネスモデルを狙うと思いますか。

具体的にまだできあがっていないのではないか。ビジネスモデルうんぬんの前に、まずは自動車とIoTをつなげる必要がある。アップルが手掛けるスマートフォン、パソコン、時計の市場は成熟している。かつてに比べ、アップルの売上成長率は鈍化している。今、アップルは総獲得可能市場（TAM）の拡大を求められている。車は支出額が大きい。既存の事業が成熟する中、新たな成長領域として車に参入して、TAMを広げる必要がある。その上でビジネスモデルをどう描くかだ。

テスラにはロードマップがあった。高級スポーツ車で参入後、価格がこなれた「モデル3」を投入し、さらに太陽電池と組み合わせてエネルギー領域に事業を広げる。そんなマスタープランがあった。アップルもロードマップを作る必要がある。アップルは自動車市場に宿命的には入らなければならない。

――アップルが車で成功するには何が必要でしょうか。

まずは自動運転技術を確立しなければならない。車の移動空間で何か新しいビジネスを展開するにしても、自動運転にならないと成立しない。EV×AVを実現し、テスラ並みに車が売れたら、例えば150万台規模で価格が4万米ドルとしても、なかなか大きい売上規模になる。

――21年1月に韓国・現代自動車がアップルの提携相手として浮上しました。

アップルはIT企業で自動車生産の経験がないため、最初は自動車メーカー、あるいは車体受託で実績のあるオーストリアのマグナ・シュタイヤー（Magna Steyr）との提携が考えられる。当初に狙う市場は米国が中心だろう。

現代自動車の名前が浮上したのは理解できる。現代自動車はこれまで自律的な成長で400万台のメーカーから800万台規模にまで大きくなった。それが今、限界に来ている。中国企業と提携するか、あるいはIT企業と提携するかの岐路に差し掛かっていた。アップルとの報道を見たとき、やはりITに向かったと思った。

――アップルの公式発表はありませんが、ほかにどんな提携企業を想定しますか。

ルノー・日産自動車・三菱自動車アライアンスと組む可能性は考えられる。今、世界の自動車メーカーは大きく3グループに分かれている。トヨタ自動車、米ゼネラル・モーターズ（General Motors、GM）、そして独フォルクスワーゲン（Volkswagen、VW）だ。この3グループは自前でIT化を進められる力がある。3グループ以外は、例えば現代自動車や欧州ステランティス（Stellantis）はIT企業とうまく組む必要がある。これから、何かしらの決断を迫られるかもしれない。アップルもそういう事情を分かった上での行動だろう。

これからアップルや米グーグル（Google）、米アマゾン・ドット・コム（Amazon.com）のような米IT企業が自動車メーカーを買収することもあるかもしれない。「アップルは独BMWを買収した方がいいのでは」という議論が欧州のアナリストの間でも交わされている。本物志向の車を造らないと、4万米ドルでアップルカーを売れない。営業利益率で15%以上を稼ぐことも不可能だ。自動車産業では伊フェラーリ（Ferrari）が25%程度、独ポルシェ（Porsche）が15%程度の利益率と高く、プレミアムカーでビジネスが成功すればもうけられる。

――サプライチェーンにも影響は広がりそうですか。

仮にアップルカーが登場しても、1次部品メーカー（ティア1）の部品メーカーに大きな影響は生じないだろう。最初は自動車メーカーとのシェアの奪い合いが起きる。しかも、プレミアム市場が主戦場となる。あるメーカーの販売規模がアップルに移るというだけで、市場も限定される。プレミアム市場では淘汰が始まる。ティア1にとっては、車のコネクテッド化やソフトの切り離しなどが重要で、データをこれからどう活用するかといった構造変化の方が影響は大きい。

——データの扱いも焦点になります。

まだ自動車分野のデータ活用で勝者はいない。グーグルはデータを持つが、車がない。アマゾンは移動データを持っていない。自動車メーカーには山のようにデータはあるが、宝の持ち腐れ状態だ。これからさらに「暮らし」のデータも加わる。どう集めて、どうビジネスにつなげるかが勝負になってくる。

6-3

野辺 継男　名古屋大学客員准教授

OTAできないEVは競争力を失う

野辺継男氏（写真：日本経済新聞社）

自動車産業でソフトウエアの重要性が高まっている。まさに、米アップル（Apple）が得意とする領域だ。そんな中、既存の自動車メーカーが産業構造の中心に居続けるためには何が必要なのか――。名古屋大学未来社会創造機構で客員准教授を務める野辺継男氏が指摘するのは…。

――米アップル（Apple）などIT企業が車に新たに提供できる価値をどう見ていますか。

まさに今、車の付加価値がクラウドの上でつくられる時代に入っている。例えば、走っている状態からデータを集めて、エネルギー効率を高めるため「こういう走り方ならこれ」とソフトをダウンロードするような仕組みも現実味を帯びてきた。車をより良くする要素がクラウド上に移行すれば、それはハイテクカンパニーに強みをもたらす。

――アップルの強みはどういうものが想定されますか。

ソフトの開発能力が高いことである。象徴的なのが無線通信経由でソフトをアップデートして機能を高めるオーバー・ジ・エア（OTA）だ。アップルは既に「アイオーエス（iOS）」で、OTAを経験済み。ソフト開発はOSに至るまで何層ものソフトが重なる構造である。アップルには複雑な構造のソフトをバージョン管理しながらアップデートしてきた知見がある。

電気自動車（EV）はOTAとの相性が良く、航続距離を延長したり、事故を防いだりとアップデートの対象範囲が走行まで広がる。現状は自動車メーカーでは米テスラ（Tesla）くらいしか本格的なOTAを実現できていない。OTAができないと、EVは競争力を失う。

アップルカー時代に必要な人材は

――アップルもEVを展開するでしょうか。

能力的にはそうした新たな仕組みに対応できるアップルが自動運転EVを出すことは理にかなっている。アップルのウェブサイトなどを見ると、センサーなど様々なエンジニアの採用に動いており、一通りの車を設計できる可能性がある。「アイフォン（iPhone）」もそうだったが、ある意味で部品を購買するためにエンジニアの能力を高める流れなのだろう。その上でソフトの領域で付加価値を押さえる戦略とみている。

――こうした動きは垂直統合の自動車産業のビジネスモデルを変革させませんか。

まさにスマートフォン的な動きがそのまま必要になってくるかもしれない。アナログの世界だと、人のコピーは劣化するとの考えから、毎回造り直したものを大量生産し、その機能を自分のところに持つのが競争力とされてきた。しかし、これからはソフトが競争力となる。

例えば、半導体ひとつとっても、毎回カスタマイズを要求すればボリュームが減って価格は高くなる。ソフトに付加価値が移れば、おのずと半導体はそのまま使い、市場に既にあるベスト・オブ・ベストを選考するエコシステムが生まれてきやすい。コンポーネントごとにそういうところがより強くなるだろう。集約的になると考えると、ハイテク型に近づくといえる。

――自動車を造る側の集約が進みませんか。

これまでの個人向けの自動車は嗜好品などとして市場の中で半分以上のウエートを占めるだろうが、ライドヘイリングなどモビリティー事業者が顧客となるフリートの比率が大きく増えることが予測される。そういう顧客のもとでは大量に発注される一方、デザインや形が集約されていく。こういう産業構造の変化が進めば、自動車メーカーの集約も進んでいく可能性がある。

――自動車メーカーが産業構造の中心にいるためには何が必要だと思いますか。

やはりソフト開発能力の強化だろう。だが、ディープラーニングのハイエンドな領域などは、簡単にはできず、才能のあるエンジニアをいかに集めるかが課題となってくる。年齢など関係なく高い給料を提供して、そうした人材を集められるか。海外の場合、ある人材が辞めても社会の中で有効活用できる流動性があるが、日本だと硬直的だ。人事的な戦略も変わらざるを得ないと思う。

6-4
深尾 三四郎　伊藤忠総研上席主任研究員
アップルが重視する循環型経済で変わること

米アップル（Apple）はSDGs（持続可能な開発目標）を重視する経営姿勢で知られる。次世代のモビリティービジネスを研究している伊藤忠総研上席主任研究員の深尾三四郎氏は、仮にアップルが自動車産業に参入した場合、SDGsを重視したサプライチェーンの構築に動くとみる。

深尾三四郎氏（本人提供）

――アップルカーが登場したら、どんなインパクトがあると思いますか。

米アップル（Apple）がスマートフォンで世界を席巻した水平分業モデルの成功体験を自動車に持ち込むだろう。スマホやパソコンのように開発・設計と、生産を分けていく。既に台湾・鴻海精密工業（Hon Hai Precision Industry）が電気自動車（EV）のプラットフォーム開発を表明し、2021年3月下旬時点で1200社を超えるサプライヤーが参画に名乗りを上げている。

ソニーは既に自動運転EVの公道走行実験を始めているが、生産は車体受託メーカーのオーストリア・マグナ・シュタイヤー（Magna Steyr）に任せている。電動化に出遅れた自動車メーカーは買収されるか、工場をアップル向けの受託生産に振り向ける可能性はある。

――水平分業が進むと、自動車のサプライチェーンはどんな影響を受けますか。

スマホやパソコンで起きたことが自動車でも再現されるかもしれない。スマホでは、村田製作所やTDK、太陽誘電など一芸に秀でたサプライヤーが勝ち残った。

自動車でも電池や半導体メーカーが自動車メーカーに対して力を付けてきている。

注目は脱炭素やSDGs（持続可能な開発目標）に絡めた動きだ。アップルはサーキュラー・エコノミー（循環型経済）の重視を表明している。これから、サプライヤーのトレーサビリティー（追跡可能性）が重要になる。デジタル情報の信頼性を担保するブロックチェーンの技術が求められるが、最近アップルはブロックチェーン技術の専門家の採用に力を入れている。

――ブロックチェーンはサプライチェーンで必要になりますか。

循環型経済を実現するには、サプライチェーンでトレーサビリティーが求められる。これは欧州発の世界的な動き。倫理的調達ともいわれ、脱炭素の側面でも語られる。例えば、部材をリユースできる体制を整え、循環型経済を構築する。

車載電池でも正極材のコバルト（Co）について、倫理的調達を実現しているか否かのデータの信頼性を担保するため、ブロックチェーンの技術を活用する流れにある。アップルがブロックチェーンを実際に活用するかは分からないが、循環型経済の実現に向けた中核技術になるとみている。

自動運転時代に街づくりとなるワケ

――なぜ、自動車分野でもブロックチェーンが中核技術になるのでしょうか。

デジタル空間に現実を再現する「デジタルツイン」が工場や街づくりなど様々なところで適用され始めている。自動車でもこの流れが起きている。ブロックチェーンはこのデジタルツインの信頼性を担保する。例えば、二酸化炭素の排出量を計測する「カーボントラッキング」のデータをどう管理して運用していくのか。走行データを収集して都市計画に生かす構想もあるが、そのデータのやり取りを安全に、そして信頼性高く運用するため、ブロックチェーンは必要になる。

――これから車両とインフラや歩行者などを通信でつなぐ「V2X（ビークル・ツー・エックス）」でもデータの安全性確保が課題となります。

走行データを売る時代になれば、車そのものが価値を生み出すことになる。社会インフラの中で車の価値をどのように上げるのか。アップルはこうした点に着目するのではないか。例えば将来、V2Xを活用して車が走行データを自律的に売るようになるとき、その基盤はブロックチェーンになるだろう。

自動運転の技術としてもV2Xは注目されている。赤外線レーザーセンサー（LiDAR）や画像センサーなどで周囲を認識する自律型の自動運転のほか、V2Xで車両と周囲のモノが情報をやり取りし、自動運転を実現することもできる。V2Xを用いてぶつからない車を開発する方が、アップルらしいかもしれない。

——自動車からモビリティーサービスへとビジネスモデルの転換が進むといわれています。スマートシティーなどに乗り出す動きも広がるでしょうか。

自動車産業はかつてのように増産すれば、稼げるという時代ではなくなった。いわば、規模の不経済性のワナにはまっている。これからはデータで稼ぐ時代といわれるが、どうやって稼ぐか、その正解は見えていないのが現状だ。街づくりになぜ、向かうのか。実はモビリティーサービスでは鉄道会社が先行している。

電車はいわば、EVであり、自動運転機能を備えているケースがある。車も電動化が進めば、鉄道になる。どこで稼ぐか。鉄道会社は街づくりを絡めてビジネスモデルを作り上げている。

——自動車産業ではどんなプレーヤーがブロックチェーンに着目していますか。

欧州のメガサプライヤーではブロックチェーンの活用が広がってきた。サイバー空間でデジタルツインを形成する狙いだ。ボッシュ（Bosch）やZF、コンチネンタル（Continental）などドイツのメガサプライヤーは収集した車両・走行データをどうやって、データビジネスに結びつけるかを研究している。

例えば、ソニーは非接触型IC技術「フェリカ（FeliCa）」の暗号技術開発で知見がある。ものづくりを他社に任せて、コンテンツで稼ぐというブロックチェーンを生かしたビジネスモデルが可能ではないか。

6-5
クラウス・メーダー　ボッシュ日本法人社長
新規参入者の開発の痛みを軽減する

ボッシュ日本法人社長のクラウス・メーダー氏
（写真：ボッシュ）

ソニーをはじめ、IT関連の中国勢など、自動車業界に新しいプレーヤーが続々と参入してきている。こうした変化を部品メーカーはどう捉えているのか――。ドイツのメガサプライヤーであるボッシュ（Bosch）の日本法人で社長を務めるクラウス・メーダー（Klaus Meder）氏に聞いた。

――米アップル（Apple）をはじめ、自動車業界への新規参入が加速する現状をどう捉えていますか。

個別企業の話はできないので一般論になるが、新規参入によって自動車業界の魅力が増していくのは喜ばしいことだ。10年前、我々は古い産業といわれていた。自動運転や電動化など新技術の開発スピードが上がっていることが、自動車産業の魅力を高めているのだと思う。

新規に参入してくる企業のモチベーションは様々。画期的なパワートレーン技術を持っていたり、独自のセンサーを使って新しいユーザーインターフェース（UI）を実現しようとしていたり。IT業界からは、エンターテインメントや広告などを車という舞台で展開したいと考える企業もいるだろう。

――独ボッシュ（Bosch）の新規参入者との付き合い方は。

それぞれの新規参入者は、既存の自動車メーカーなどとの差異化を図ることを最重要事項として取り組んでいる。ただ、車という形にするには、駆動系やブレーキなどの制御系、シートをはじめとする内装部品も必要だ。自らが得意とする領域に集中できるように、ボッシュのような部品やシステム、サービスを提供できるベンダーの存在が重要だと考えている。場合によっては、共同開発を進めていく。

極端な例としては、ボッシュはドライビングシャシー全体を提供することも可能だ。「ローリングシャシー（Rolling Chassis）」と名付けた電気自動車（EV）プラットフォームがそれ。企業によっては走行性能よりもデザインに重心を置きたい。こうした企業には、ターンキーのプロジェクトが喜ばれる。車開発のほとんどをサプライヤーが手掛けるもので、ボッシュは既に多くの経験を有している。新規参入の増加は、当社にとっても存在感を高める大きなチャンスなのだ。

——ローリングシャシーを使えば、ボッシュ自らが自動車メーカーになることもできそうです。

我々は自動車メーカーにはならない。ローリングシャシーの上にアッパーボディーを載せれば車ができるように思われるが、自ら車両を造るつもりはない。

ローリングシャシーには、駆動系や操舵系、制動系など多くの部品やシステムを搭載している。これらを連携させる部分の開発には長い時間がかかる。当社のシャシーを使ってもらうことで、開発期間を大幅に短縮できるはずだ。

特に新規参入系は価値を見いだしてくれるだろう。車は多くの部品が複雑につながる。それらを高い信頼性で実現するのは容易ではない。こうした開発の「痛み」を軽減できるのが、当社が提供する価値の1つだと思う。

ボッシュはソフト企業に

——次世代車両について、ソフトウエアを重視する企業が増えています。

ソフトは、企業の競争力を確保していく上で欠かせない。ハードウエアがなくなることはないが、ソフトによってハードは標準化やコモディティー化が進んでいくだろう。車の価値の中心がソフトになっていく中で、ボッシュ自身もソフト企業に変わりつつある。1万人以上のソフト技術者が既に、自動車を中心に様々な業界向

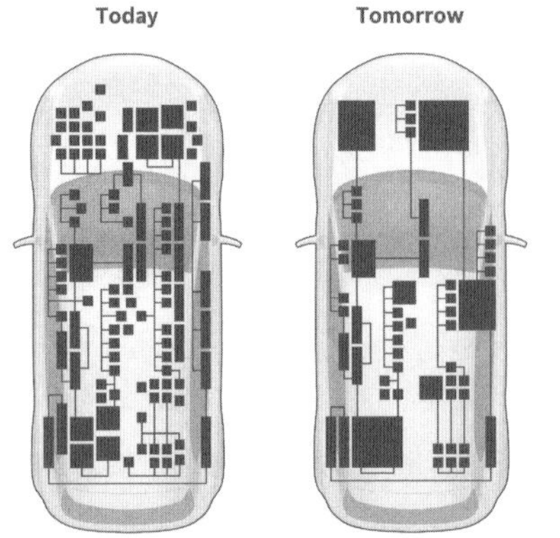

図6-1　E／Eアーキテクチャーは「分散型」から「中央型」へ（出所：ボッシュ）

けのソフト開発を進めている。

車がソフトを起点に進化していく上で必要なのが、新しい電気／電子（E／E）アーキテクチャーである。スマートフォンではオーバー・ジ・エア（OTA）で新機能が追加されていくのが当たり前だ。車もスマホのようになっていくべきだが、問題がある。車には100個以上の電子制御ユニット（ECU）が搭載されており、（ECUが複雑に絡み合う現状のE／Eアーキテクチャーでは）OTAでのソフト更新が難しい。OTAを前提としたE／Eアーキテクチャーが必要なのだ（**図6-1**）。

——ボッシュはE／Eアーキテクチャーやその中核を担う統合ECUの開発を加速させるため、2021年1月に組織を再編しています。

「クロスドメイン・コンピューティング・ソリューション部門（Cross-Domain Computing Solutions division）」だ。ECU向けのソフトはこれまで、制御対象の部品ごとに別々に開発していた。そのような体制では今後のニーズに応えられないと判断し、新たな事業部を立ち上げた。

走行に関連するブレーキやステリングなどのソフトを個別に開発するのではなく、一括して扱える部門にした。ここから自動運転やインフォテインメントなど、次世代車両に必要なソフトを開発していくことになる。時代に合ったものを提供していくことが当社の競争力になる。

——E／Eアーキテクチャー以外に注力している開発テーマはありますか。

新しい自動車向けの基本ソフト（OS）「ビークルOS」も欠かせない。ビークル

OSがあれば、アプリストアを介して車にアプリを追加しやすくなる。こうした環境が整えば、自動車業界への参入はさらに活発になるだろう。ただ、スマホと車は違う。車載グレードの品質、セキュリティー、プライバシーの確保が必須だ。

21年2月に発表した米マイクロソフト（Microsoft）との提携はこの一環である。車両とクラウドをシームレスに結ぶ開発環境を共同で構築する。マイクロソフトのクラウド技術とボッシュの自動車業界での経験を組み合わせていく。

――メガサプライヤーは標準化した部品を大量に供給することで成長してきました。自動車市場がソフト時代に突入すると、収益源に変化はあるのでしょうか。

IT業界で起こったことが自動車業界でも起こるのだと考えている。かつて、コンピューターのソフトはディスクで買ってインストールしていた。ソフトをハードのように売るイメージだ。今ではサブスクリプション（定額課金）が一般的になり、ハードのように売るモデルはなくなった。車でもサブスクが増えてくるだろう。機能をサービスとして提供することで、繰り返し収益を上げていく方向性だ。

当社も開発を加速させている。例えば、クラウドベースの電池管理サービス「バッテリー・イン・ザ・クラウド」を提供中だ。EVのフリート車両の電池を常時監視するもので、電池の充電状態や、どこで充電すれば安価に抑えられるのかなどの情報を提供する。長期間モニタリングすることで、電池の寿命も推定可能。そのデータは車両の残存価値の評価にも使える。中古車として売却する際に重要な情報になる。

6-6

前川 泰則　リケン社長

エンジンのピークアウトは2030年前後

自動車の電動化が加速する中、エンジンを取り巻く環境が厳しさを増す。エンジン部品のピストンリングを主力とするリケンは、エンジン関連部品で効率化を進めつつ、新たな収益の柱の構築を急ぐ。ほかとどう差異化し、どう勝ち残っていくのか――。同社社長の前川泰則氏が本音を語る。

前川泰則氏（写真：日本経済新聞社）

――米アップル（Apple）をはじめ、自動車業界への新規参入が加速する現状をどう捉えていますか。

まず、これまでの車の進化を振り返ると、キーテクノロジーは全地球測位システム（GPS）、自動的に地図に渋滞状況が反映されるような通信技術、周辺の車を検知するセンサーなどになるだろう。最近このような分野での付加価値が車でも上がっているが、まさにそれらは携帯、スマートフォンに関連する企業がやってきた世界だ。なぜ、アップルが自動車に参入するのかと思うかもしれないが、自動車の進化の方向性とアップルなどが手掛ける方向性は実に同じである。

自動運転などが進めば車は自ら動くのではなく、車がロボットのように外部と連携しながら移動するだろう。自分で運転する側面もあるとはいえ、いってみれば他の人に動かされている「他動車」になっていくのではないか。そうであれば劇的な変化だ。ただ、その中でも安全性は重要だ。アップルなどIT企業の新規参入があってもすべてを自動でというのはすぐには難しい。経済合理性と安全性のせめぎ合いとなるだろう。

――新規参入が加速する中、エンジンなど内燃機関のピークアウトはいつごろとみますか。

新型コロナウイルスの影響が出る以前は2030年代中ごろと見ていた。しかし、それよりも早くなり、地域ごとに差はあるものの全体感としては30年を基準にプラスマイナス2年くらいの間でピークアウトが来てしまうかもしれない。自動車メーカーとやり取りする中でも新しい内燃機関の開発プロジェクトを凍結する事例もある。ただピークアウトしたからといってゼロになるわけではなく、我々は勝ち残っていく。

ピークアウトまでの投資戦略

――主力のピストンリングなどのエンジン関連部品は今後どのように展開していきますか。

ピークアウトのタイミングまで半々で分けたときに、前半の5年間は積極的に投資して、エンジン部品を含めた既存部品である程度のトップラインを確保し、ピークアウトに行く前の立ち位置をグローバルで高めたい。後半の5年間は増産のための投資は最小化して合理化や効率化に投資などをするように方向性を変える。既存の日系の顧客に供給しつつ、世界の3分の2を占める非日系の自動車メーカーへの進出も継続して図っていく。非日系メーカーにおけるピストンリングの自社のシェアは8%から13%まで伸び、23年3月期には18%を目指している。

――納入する自動車メーカーではエンジンの共通化など集約が進んでいますが、影響は出ていますか。

一般論でいうと、ピストンリングの場合、1つのエンジンに対して1つのサプライヤーということが多い。自動車メーカー間での提携や吸収合併によって1つ1つの案件のボリュームが大きくなっていると感じる。ただその分、部品メーカー間の競争が厳しくなっていく。競合も、より魅力的な提案やサービスなどを考えてくるだろう。

——他の自動車部品メーカーとどう差異化をしていきますか。

例えば自社でエンジンテストのシミュレーション技術を開発している。実際にエンジンを動かしてテストをすれば、それだけで二酸化炭素を排出するが、シミュレーションで行えば排出量削減に貢献できる。顧客からも好評で、シミュレーションをパッケージとして提案できれば差異化につながるのではないか。

——エンジン関連以外の分野など新規事業の構築で成果は出ていますか。

製品化されているものでいえば、樹脂部品で、もともとトランスミッション用の部品で使っていた技術を活用し、ベアリング用の補機の分野に進出した。ベアリングは内燃機関関連ではないので異なる分野に活用でき、樹脂部品では展開が既に進んでいる。他にも電波雑音の抑制シートの開発などを仕込んでおり、23年3月期の連結売上高で新事業では60億円を目指している。

——非自動車部門を伸ばす上で、どういう点が課題ですか。

新しい世界に入るのは難しい。我々のような部品メーカーは一般論として日系自動車メーカーとの長い安定的な信頼関係に基づいて事業を行っている。設備投資についても、顧客の計画が示され、ある程度の時間をもらって投資するという意味では、設備投資判断、経営投資判断が自動車メーカーとの信頼においてかなり低いリスクでできていた。

そうであるが故に、ある程度リスクを取る形での投資判断を歴史的にしてこなかったともいえる。ここが我々の経験値として弱いところだ。冷静にリスクを分析し、新しい投資や事業に対して、冷静に評価しリスクも負う情熱、その上で前に踏み出そうというマネジメントの決断が問われていると思う。

6-7
泉田 良輔 『Google vs トヨタ』著者
レクサスはなぜEVじゃないの？

泉田良輔氏（本人提供）

米アップル（Apple）は、自動車業界になぜ参入し、どんな影響を与えるのか――。テック企業に詳しく、2014年には自動運転時代の新しい競争を見据えた『Google vs トヨタ』と題した書籍を上梓した、ナビゲータープラットフォーム取締役で証券アナリストの泉田良輔氏の見方とは…。

――なぜ、米アップル（Apple）が電気自動車（EV）に参入するのでしょうか。

ほかに大きな市場がない。売上高が30兆円に達するアップルのような巨大な企業になると、テレビ市場では物足りない。成長に必要な大きな市場がどこにあるのか。消去法で自動車と考えたのではないか。

ユーザーの時間の使い方という観点で、自動車はスマートフォンと補完関係にあることも見逃せない。車の運転中に「アイフォン（iPhone）」を操作できないので、アイフォンとはユーザーの時間の奪い合いが生じない。もちろん、自分たちの技術を生かせる余地もある。ならば自動車市場への参入を考えてみようか、となったのでは。

手元資金の使い道の一環でもある。現状がもうかりすぎて、手元資金がじゃぶじゃぶだ。投資家から見ると、どこかに投資しないのであれば配当を増やすか、自社株買いしろとの圧力をかけざるを得ない。ただアップルとしては、投資家に全て還元するよりは、自分たちで何か新しいことをやりたいと考えたのだろう。

——米テスラ（Tesla）が影響を与えたとの見方があります。

テスラの影響は大きい。あと注目しているのは、中国の上海蔚来汽車（NIO）だ。テスラやNIOに対して思うのは、自動車にソフトウエア・アズ・ア・サービス（SaaS）のビジネスが本格的に始まりそうなことである。例えばEVを使った分だけ対価を支払うといったイメージだ。

アップルは、SaaSのビジネスに出遅れた。音楽配信や映画配信などでスウェーデンのスポティファイ・テクノロジー（Spotify Technology）や米ネットフリックス（Netflix）などに先行を許した。自分たちにもできたのにと、絶対に思っているはずだ。車にSaaSの潮流がやって来るのであれば、自分たちも乗らざるを得ないと考えたのではないか。

アップルの本音はやりたくない？

——やりたくてやっているわけではないように聞こえる。

そう冷ややかに見ている。市場規模と投資家の圧力、競合企業の進行状況を見て、しかたなく…。本音はEVをやりたくないのではないか。パソコンとスマートフォンで成長を続けられるのであれば、それが一番いいはず。自動車産業を変えてやるんだ、みたいな情熱はあまり感じていない。

——アップルカーはどんなものになると思いますか。

自動運転を採用しないとつまらない。今さらEVと言っても驚きはない。EVならばテスラが既にあるので。

ただアップルの自動運転関連特許を見ると、そんなに増えていない。25年前後といわれる時期に自動運転を開発して車両に搭載できるのか懐疑的にみている。どこかの企業を買うのかもしれないが。

——アイフォンとのスムーズな連携も売りになるかもしれません。競合企業にはまねできないところです。

関心を持つ人はいるかもしれないが、アイフォン連携に消費者が何百万円も車両代として払うのかというと難しいのでは。数ある機能の1つとしてはありだ。

――レベル4以上の自動運転は、配車や運送などビー・ツー・ビー（B2B）の事業が主になるといわれています。アップルブランドを生かしにくいように思えます。

同じことを考えている。アップルがロボットタクシーや自動配送車を開発してBtoBの事業を展開するとして、アップルファンは喜ぶのか。これまでのアップルの顧客基盤を生かしにくい。テスラがトラックを開発するのは理解できるが…。

自動運転は、個人で使うよりも、商用ユースでドライバーが運転しているところを自動運転に変える方が社会的なインパクトがあるとみている。個人が自動運転車を所有するという発想は、どうなのか。個人向けの自動運転車はあまり必要ないと思っている。

今後、モビリティー業界に何が起きるのか。私は人が移動しなくなると考えている。新型コロナウイルスの感染拡大がなくてもその方向だと思っていた。すると今のような販売台数は必要ない。移動に価値を求めるのではなくて、車のエンターテインメントってなんだろうということを考える必要がある。すると既存の自動車メーカーよりもアップルに一日の長がある。

――自動車業界への影響をどうみますか。

衝撃はむちゃくちゃ大きい。アップルがEVを発売するとなれば、特に高級車のところは全てEVになってもおかしくない。アップルカーの販売当初は高級車の価格帯だと思うので。アップルカー販売後に高級車でガソリン車を売っていたら、なにそれという雰囲気になるのでは。

レクサスはEVではないの？　ベンツはEVではないの？　BMWはまだエンジン車なの？　そう言われるのではないかと思っている。

エンジン音が好きという人は残るので、ゼロにはならないと思うが。

6-8

長島 聡　きづきアーキテクト代表取締役

下請けかパートナーか、重要なのは「姿勢」

今後の自動車市場では、部品メーカー間の激しい競争が予想される。ライバルがひしめく中、好機を呼び込むにはどうしたらいいのか――。独ローランド・ベルガー（Roland Berger）前グローバル共同代表で、自動車業界に精通する、きづきアーキテクト代表取締役の長島聡氏は、「重要なのは『姿勢』」と説く。

長島聡氏（本人提供）

――いよいよ米アップル（Apple）が自動車市場に参入してきそうです。

世の中の報道だと、自動運転車になるのではという話がある。でも、アップルが自動運転車を造るだけだとちょっと面白くない。それに、自動運転車は販売できる地域が限られる。法律で走れない場所がある現状で、マスに広告して「誰でも買っていいですよ」と言いにくい商品をアップルが本当に出してくるのか。

独自性という点では、米テスラ（Tesla）は（無線通信で機能を更新する）オーバー・ジ・エア（OTA）で車の価値を変えた。走行モードを増やしたり子供の車内置き去り防止機能を追加したりと、OTAをどんどん活用する。誕生日にドアがパタパタと動いて運転者を祝ってくれるサプライズ機能もあるくらいだ。思わず笑ってしまうようなものもあるが、新しい体験をどんどん追加していく姿勢にテスラの覚悟を感じる。アップルも、そういった突き抜ける覚悟満載で自動車市場に参入してくるのだろう。

――では、アップルはどのような独自性を打ち出してきそうですか。

個人的には、アップルが仕掛ける新しいことは人の五感に訴える領域だと予想している。ヒントは、ワイヤレスイヤホン「エアーポッズプロ（AirPods Pro）」にあると思う。このイヤホンで注目したいのは、音のモードを切り替えられるところ。周囲の音を遮断するノイズキャンセリングだけではなく、逆に外部の音を取り込むモードも用意した。

似たようなことを車でも実現するのではないか。これで車に関するコミュニケーション、ひいては車内空間の定義が変わってくる。車が乗客と外の人のコミュニケーションを自在に操る。移動中、自分の独自の世界に浸りたいなら外界から遮断する。外の雰囲気を感じたい人は音や光を取り込めばいい。音や光の拡張現実（AR）というイメージで、自在に環境をコントロールすることで移動していないかのような演出がされるだろう。

――車内空間の快適性を高める取り組みはこれまでにもありましたが、アップルは一歩も二歩も踏み込むということですね。

大事なのは、乗員の気分に応じて選択できるという点。音や光を遮断したい人か取り込みたい人のどちらかに寄せるのではなく、みんなが気持ちよくなれる車ができたら面白い。

乗員が選択する以外に、車が自動的に感じ取って演出してくれるのもありそうだ。自動運転に怖さを感じている人には、動き出したら外の様子を安心できるように伝えるなど、いろいろと考えられる。一例として聴覚や視覚の話をしたが、車に関するコミュニケーションの領域で、五感全体にアップルは何か訴えかけてくるのだと期待している。

日本の部品メーカーは「条件をクリアしている」

――ヒューマン・マシン・インターフェース（HMI）関連など、部品メーカーにとっては新たな受注のチャンスになりそうです。

重要なのは部品メーカーの姿勢だ。設計図を渡されて、言われた通りに部品を造るメーカーは生き残れない。もちろん技術力があるのは何よりも大事だし、コスト低減に向けた取り組みも必要だ。ものづくりを担う製造業の仕事がなくなることもないだろう。

それでも、何よりも大事なのは、自社が持っている技術を使って「当社ならこんなアップルカーを実現できる」とアピールする前のめりの姿勢だ。妄想で「こんな構想じゃないですか」と問いかけをしてみると、「おまえの構想は全然違うけど面白いことを言ってきたな」みたいなことから関係性が生まれるものだ。

――実際「実態が分からないので対応はこれから」という部品メーカーが多いです。

「今は何も言えないです」って言っているよりは、とにかく妄想でどんどん発信した方が、部品メーカーの姿勢としてはすごく面白いし、いい方向にいくはずだ。妄想が間違っていても、相手に面白いと思わせてしまえば、下請けではなく「パートナー」の道が開ける。

あとは、アクションをどれぐらい前倒しでできているか。研究開発は当然、製品が発売される前からある。コンセプトを練る段階からなら5年以上前からプロジェクトは始動している。図面が決まった後に動くのは下請けだ。

――パートナーか下請けか、部品メーカーの姿勢が将来の立場を決めるのですね。

日本の企業は、少なくとも条件はクリアしている。素晴らしい技術力を持っている。なので、まずは大胆な妄想をして、とりあえずノックしてみる。おそらく1社の中小企業ではアイデアに限界がある。だから、腕に覚えがある企業たちが集まって、その仲間たちの中で議論をすればいい。

「アップルの狙いはきっとこれだ」「だったら俺の技術が使えるぞ」と対話すること。1社で考えていても、多分どうにもならない。アップルカーのように新しいものが登場すると、日本は負けてしまうという風潮になるが、悲観するような状況ではない。小さく軽く作る技術はすべてにおいて大事。あとは、妄想を一緒に考える仲間さえいれば何とでもなるはずだ。

6-9
大口 敬　東京大学教授
コネクテッド技術で混雑を最小限に管理

自動車業界は100年に1度の変革期のただ中にある。IT企業の電気自動車（EV）への相次ぐ新規参入は、自動車産業や交通システムにどのような影響を及ぼすのか——。交通制御工学が専門で、東京大学生産技術研究所次世代モビリティ研究センター長を務める大口敬教授に聞いた。

大口敬氏（写真：日本経済新聞社）

——IT企業の新規参入は自動車産業にどのような影響を与えますか。

GAFA〔グーグル（Google）、アマゾン・ドット・コム（Amazon.com）、フェイスブック（Facebook）、アップル（Apple）〕と呼ばれる米巨大IT企業のビジネスモデルの強みは、圧倒的にバーチャルの世界だから発揮できた。強者が全部取るという仕組みもバーチャルだからこそ可能になった。

自動車産業は日本で見ても乗用車メーカーが8社ある。なぜ8社もあるのかというと、物理的な世界でのものづくりには職人芸に近いノウハウがあり、完全にマニュアル化したり、標準化した知識にしたりして、誰でもできるというものではないからだ。

——コネクテッド技術やITに強い新興メーカーの参入は、交通システムにどのような影響を与えますか。

例えば、自動運転が進めば、事故が発生する確率を下げられるかもしれない。コネクテッド技術の発展で、交通状況を瞬時に理解し、渋滞が起きていたら、そこを避けた経路に変更することで、渋滞を早期に解消させることも期待できる。自動運転になっても渋滞を完全に解消できるとは思わないが、なるべく混雑を最小限にするような管理ができるようになる。

ただ、コネクテッドや人工知能（AI）の技術を最大限活用しつつも、それらにすべて管理され、人間は何もしないというのは望ましくない。車での移動は個人の自由な行動の延長としての象徴だ。完全にシステムで管理されて、その上を車や人が動くのではなく、データを活用し、今以上に自由にのびのびと動ける仕組みを整えるのがいいのではないか。

――ものづくりのノウハウなど既存の自動車産業の強みは今後も競争力となりますか。

車は振動などの過酷な環境下で、丁寧に扱う人もいれば、足として使う人もいる中、一定の機能を果たす製品として売られてきた。ものづくりの質の維持やノウハウは重要だ。そこへの信頼感はバーチャルな世界での、例えばスマートフォンのキャリアを簡単に乗り換えるという世界とは違う。人間のものに対する執着というのは侮れないだろう。

一方、そういう意味で見たとしてもアップルは脅威になり得る。アップルがものづくりをやっている会社で、システムだけを作っているわけではないからだ。ただ、携帯機器やパソコンよりも車が使われる環境は厳しく、アップルがすべて自前で製造まで手掛けるのは難しい。そこを克服するために、これまでの自動車分野が持っているノウハウと、IT勢が持ってくる新しいビジネスモデルを合体する活動が今後進むだろう。

自動車メーカーが下請けか

――新興企業の参入で自動車メーカーが車体受託サプライヤーになるという見方もあります。

「アイフォン（iPhone）」に使われている部品の多くを日本製が占めるが、多くの消費者はそれを知らずに「アップルブランド」として使っているだろう。企業同士の関係でいえば、アップルが強くて、供給する側は弱い。部品の価格設定などでもアップル側が強いだろう。同じような構造がモビリティーでも起きないとは限らず、流れにのみ込まれれば、自動車メーカーは下請けに成り下がり、価格競争で中韓勢に取って代わられる可能性もある。

携帯電話で起きたような、既存の自動車産業がハードウエア供給のみを行うサプライヤーになる状態になってはいけない。例えば、トヨタ自動車や日産自動車がアップルなどと共存できる仕組みになればいいのではないか。

――自動車メーカーがただのサプライヤーとしてではなく、生産機能を持たない新規参入組と対等に付き合うにはどのような要素が必要でしょうか。

自動車業界も模索しているところだろう。利用者の五感や感性に訴えかける分野で技術を持ち、アピールできる車や部品メーカーは強いのではないか。自動運転技術もまだ黎明（れいめい）期の中で、例えば好みの車の走り方に合わせた自動運転の特徴やテイストを開発するのも面白いだろう。根底にあるものづくりのノウハウを伸ばしつつ、新たな技術展開を見いだせた自動車メーカーならば、ビジネスの枠組みとしてアップルと対等に組めるだろう。

6-10
暦本 純一　東京大学大学院教授
移動を感じさせない「揺れない車」に期待

暦本純一氏（本人提供）

電気自動車（EV）開発を模索する米アップル（Apple）の躍進を支えたのが、優れたユーザーインターフェース（UI）だ。マルチタッチなど革新的なUIで「アイフォン（iPhone）」などの利便性を向上させてきた。UI研究の泰斗で、アップルの強みを知る東京大学大学院教授で、ソニーコンピュータサイエンス研究所副所長の暦本純一氏が、アップルカーへの期待を語る

——米アップル（Apple）の強さはどこにありますか。

ゼロから自分で造れるところだ。ソフトウエアとハードウエア、そしてシリコン（半導体）の設計について自ら完全にコントロールできる。資金力もあり、製品に対して技術や価格、デザインなどに妥協しないで造れる点が、アップルの最大の強さではないか。

日本企業で、すごいスマートフォンのアイデアを思いついたとする。ただし基本ソフト（OS）や半導体を自分で設計できない。するとアライアンスなどを考える必要があり、どこかで妥協が要る。

アップルの強みは、ユーザビリティーの根源的なところを改良できる企業でもあるところ。携帯電話やモバイルコンピューティングといったものがあった時代に、スマホという概念を生み出した。

――アップルといえばUIが革新的で優れる印象があります。

アップルがマルチタッチなどをしっかり取り入れたことは画期的だが、UIは全体のバランスで、先端的だから良いというものではない。

UIについてはベンチャー企業が実験して、アップルは良いアイデアを吸い上げるところかもしれない。例えば「アイポッド（iPod)」は優れたUIの製品だが、その基となるアイデアは小さな会社のものだ。

今なら折り畳みスマホの韓国サムスン電子（Samsung Electronics）などのほうがUIとしては先端だろう。アップルも数年後に折り畳みスマホを発売すると思う。アップル自身は先端というよりも、じっくり見た後、一気に奪いにいく印象だ。超大企業であり「レイトカマー（遅刻者)」でも十分に追いつける。

ノイズキャンセルがUIの鍵

――アップルカーに何を期待しますか。

技術は他社とそれほど変わらないと思う。期待としては、何か1つ、ほかとは違う軸で徹底的にユーザーエクスペリエンス（UX）を向上させてほしい。

例えば、絶対に揺れない、酔わない車とか。シンプルな発想だが、わりと車の根源的な問題のように思う。自動運転になると外を見ないで、車の中で仕事ができるはずだが、揺れてしまう。もし全く揺れない車ができたら、移動すら感じさせない体験というのも十分に考えられる。実際に移動しているけれども、乗っている人は全く別の仮想空間にいるとか。

赤外線レーザーセンサー（LiDAR）で道を見れば凸凹が分かる。その凸凹を通過する瞬間にサスペンションの伸縮を制御すれば、上下左右に揺れない車が造れないものか。新幹線のようにスーッと走る車になるわけだ。

揺れない車というのは、見方を変えれば、イヤホンにあるノイズキャンセルの振動版と言える。UIという観点で、実はノイズキャンセルは今後とても重要な技術だと思っている。

映像や音で目や耳のアテンション（注意）を向けさせるものばかりだが、一方で周りのノイズを消す、つまり嫌なものを消せるのがノイズキャンセル機能と言える。引き算の発想だ。人の注意をどんどん奪って時間を取っていく流れとは違う軸がそこにある。揺れない車というのは、そんな引き算の発想の延長にある。

——アップルカー発表の場で、創業者のスティーブ・ジョブズ（Steve Jobs）氏が好んだ「ワン・モア・シング（もう1つ）」があるとすれば、何になると思いますか。

アップルカーはなんとなく自動運転車を前提としてしまうが、そうではなく、絶対に倒れない電動バイクはどうか。移動を感じさせない価値とは対極的で、乗ることを極限まで楽しむ発想だ。

——カメラや携帯音楽、ラジオ、テレビなど多くの機能がアイフォンに集約していきました。車も同じように多様性はソフトで実現し、ハードは1種類に収れんしていくと思いますか。

車は逆かもしれない。5人乗りの自家用車を家に1台ずつというのではなく、シェアサービス用があるし、自動運転タクシーもあるし、自動電動キックスケーターもあるし、というように、移動の目的に応じてハードが存在するのではないか。単一のハードで全てまかなうことにはならない気がする。

——アップルカーの先に何があると思いますか。

スマートシティーというか、スマートビルみたいなものの中の1つのモビリティーとして、アップルカーを位置付けるかもしれない。アップルはシリコンバレーに巨大な本社をつくった。私にはスマートビルの布石に思えてならない。

6-11
ダニー・シャピーロ　エヌビディア シニアディレクター
車にソフトをインストールして新しい収益

車の価値がハードウエアからソフトウエアに移りつつある自動車業界。新興勢力を含め、多くの企業が次世代車両の中核に据えるのが、高性能な車載コンピューターだ。その有力サプライヤーである米エヌビディア（NVIDIA）で自動車部門を率いるシニアディレクターのダニー・シャピーロ（Danny Shapiro）氏が考える次のビジネスモデルとは…。

ダニー・シャピーロ氏（写真：エヌビディア）

――「アップルカー」の登場について、サプライヤーという立場から見てどのようなチャンスがあるのでしょうか。

米アップル（Apple）については、いろいろな噂が何年にもわたって存在する。何を考えているか、具体的な計画は知らない。ただ一般論として、米エヌビディア（NVIDIA）や自動車メーカーが「将来的に必要だ」と言ってきた技術が実用化の段階に入ろうとしていることの表れなのだろう。

我々は人工知能（AI）を搭載したスーパーコンピューターが必要だと言ってきた。車が「車輪が付いたデータセンター」になるのだ。自動運転を可能にするには、これまでにない速度のデータ処理が必要。従来型の半導体メーカーや自動車部品メーカーがノウハウを持っていない領域だが、当社にはハイパフォーマンスコンピュータ（HPC）やグラフィックス・プロセッシング・ユニット（GPU）、スパコンなどの知見や経験がある。

——とはいえ、車のハードウエアはコモディティー化の方向です。

当社は、世界で一番難しい問題に対する解を提供したい。サプライヤーとしても、コモディティー製品を提供する形にはならない。ゲーミングやプロフェッショナルグラフィックスなどに向けたGPUもそうだった。車載市場にはインフォテインメント機器の領域から参入した。民生で培った技術を活用しやすかったからだ。採用は欧州勢から始まり、米テスラ（Tesla）とも共同開発してきた。

だが、そこにとどまることはせず、車載人工知能の領域に踏み込んだ。自動運転に関しても運転支援システムである「レベル2」だけではなく、自動運転の「レベル4／5」まで実現できる実力がついてきた。それでも、自動車自体がコモディティー化していくのは、まだ先だと思っている。インフォテインメント機器を進化させるのも人工知能だ。音声アシスタントや乗員の状態検知など、人工知能を使えば車の安全性や利便性を向上させるための差別化が可能になる。

——最近の取り組みでは、中国上海蔚来汽車（NIO）など新興の電気自動車（EV）メーカーとの提携が目立ちます。既存の自動車メーカーとの違いは何か感じていますか。

見方としては、既存プレーヤーと新興勢の違いというよりも、どういった電気／電子（E／E）アーキテクチャーを志向しているかがポイントだ。中央集中型の車載コンピューターを搭載したアーキテクチャーを思い描いているかどうかだ。

既存の自動車メーカーだろうが新興EVメーカーだろうが、ソフトウエアを重視した未来志向な企業は中央集中型のE／Eアーキテクチャーの方向にシフトしている。ソフトの更新によって車両の機能を追加・改善していく車両の投入に向けて、各社は開発を急いでいる。

OTAの収益を自動車メーカーと分配

——ソフトを無線通信で遠隔更新するオーバー・ジ・エア（OTA）は、自動車業界のビジネスモデルも変えそうです。

現状、車の価値は買った時点が最高で、使うほどに価値は下がっていく。新しい車の時代が来ると、車両の価値や機能は買った時点が最低ラインになるのだ。ソフト更新で能力が拡張されて車はどんどん良くなる。

ソフトを車両にインストールするたびに、新しい収益が生まれる。車の寿命が続く限りサブスクリプション（定額課金）などで収益が上がれば、ビジネスとして相当な可能性がある。

――サブスクモデルの実現に向けて、具体的に取り組んでいるプロジェクトはありますか。

独ダイムラー（Daimler）との協業が好例だ。両社は緊密に連携し、自動運転の開発と展開に向けたエンド・ツー・エンドのシステムを共同で開発している。その中で、レベニューシェア（収益分配）の契約を結んだ。この契約は業界に変革をもたらす。その他の自動車メーカーと同様の合意がなされる機会も、今後必ずあると思う。レベニューシェアは、自動車メーカーとエヌビディアの双方が利益を得られるモデルなのだ。

――車の利用者が自動運転ソフトなどを購入・更新した際に得られる収益を、両社で分け合うということですね。

価値の中心がソフトになるので、ハードは高級車から低価格車まで同じでよくなる。標準化したHPCや各種センサーを車両に搭載しておき、多くの機能を搭載してハイエンドにしたければ、ソフトの代金としてユーザーに支払ってもらう形だ。

こうしたビジネスモデルを前提とした車両を、ダイムラーは2024年から量産していく計画である。

すぐに大きな収益規模になるわけではない。それでも、将来的には1台当たりの売り上げは数千米ドルほどになっていくだろう。長期的な視点で、利益率の高いソフトによる収益基盤の構築を図っていく。

6-12
多田 直純　ゼット・エフ・ジャパン社長
車はまるで携帯電話のようになる

多田直純氏（写真：ゼット・エフ・ジャパン）

欧州のメガサプライヤーは再編を繰り返し、電動化や自動運転などCASE（コネクテッド、自動運転、シェアリング、電動化）への対応を早くから進めてきた。足元では、欧州勢は電気自動車（EV）へのシフトを加速させる。ドイツのメガサプライヤーであるZFの日本法人、ゼット・エフ・ジャパン社長の多田直純氏は、「車はまるで携帯電話のようになる」という。

――アップルカーの報道が相次ぎました。率直な受け止めは。

個別企業についてはコメントできない。ただ、新しいプレーヤーが出てくれば、ZFとしては個々の電動化へのソリューションを持っており、ワンストップで提供できる。個人的な見解としては大きな変革になると思う。車自体の価値も変わり、サプライヤーのソリューションも変わってくるだろう。

――欧州のメガサプライヤーはCASE対応で先手を打ってきました。ZFはどう競争優位性を築こうとしていますか。

電動化が進むと、プラットフォーム（車台）の上にどういう機能を載せて、自動車メーカーごとにどう味付けするか、という方向に向かう。近い将来、コモディティーになっていく。これから重要になるのは、無線通信でソフトウエアを遠隔更新するオーバー・ジ・エア（OTA）だ。車の価値はソフトのアップデートで上がっていく。

車はまるで携帯電話のようになる。我々はソフトのほか、高性能な中央制御コンピューター、そしてミドルウエアなどを準備する。そのようなソリューションを日本でも提供できるようにしようと社内で話している。

――ソフト分野では自動車の関連データのビジネスに、どう対応しますか。

ZFは、トランスミッション以外にもダンパーやカメラなどいろいろ手掛けている。様々なリアルタイムデータを扱える立場だ。どうデータを取得し、クラウドに上げるかを考えている。

ただ、データ領域は、サプライヤー以外も多くのプレーヤーがひしめく。セキュリティーを強みとしたり、データ収集を得意としたり、それぞれ守備範囲が異なる。実際に車を動かす自動車メーカーの考え方もあり、そういう状況を踏まえてビジネスを考えなければならない。

中国の新興EVメーカーとの付き合い方

――1次部品メーカー（ティア1）のサプライヤーとしての目線では、IT企業などの新興メーカーの登場で供給網の構造が変わると思いますか。

構造は、大きくは変わらないと思っている。新興メーカーが登場すれば、積極的に仕事を取りにいく。顧客ごとに部品の味付けは変わるが、供給網の構造や階層が変わるというよりは、顧客の種類が変わると考えている。

――中国では、新興電気自動車（EV）メーカーが相次ぎ登場するなど、EV化が進み始めています。

自分なりに試算すると、中国で日本の自動車メーカーは年500万台規模で販売をしているが、2030年にはEVが半分くらいになる見通しだ。すなわち、年250万～300万台がEVになる。中国で300万台のEVを10年で生産できるようにするのは簡単ではない。スペックが決まったモノに対して、現地の中国サプライヤーで対応していくことも必要になるかもしれない。

――新興メーカーへは提案の仕方も変わりますか。

車両造りの能力を持っていないプレーヤーからは、最高のソリューションを求められる。車両造りの習熟度で要求は異なり、こちらの提案の仕方も変わってくる。

さらに、顧客は自動車メーカーだけではなくなってきている。最近は物流会社もEVを走らせるなど、いろいろなプレーヤーが出てきた。ZFは自動運転シャトルを手掛ける企業とも提携済みだ。そういうところにチャンスがあれば、挑んでいきたい。ただ、そういった領域で、シャトルを提供するだけで、利益を出せるのか。ビジネスプランは十分に練り上げられていない。悩みどころだ。

――サプライヤーや自動車メーカーに求められる価値も変わるかもしれません。

2030年の断面で見ると、自動車メーカーは業態が変わっていると思う。この10年でどこにどれだけ投資するか。プラットフォームか、それとも供給網に投資するのか。後者でいうと、サプライヤーにはチャンスがある。

6-13
松本 昌一　エンビジョンAESC社長
電池はまだ差別化できる部品だ

松本昌一氏（写真：日本経済新聞社）

自動車の電動化が急速に進む中、車載電池の重要性が高まっている。電池の増産計画が相次ぐ一方、リコールも増えてきた。エンビジョンAESCグループは、日産自動車の車載電池事業とNECの電極製造事業を源流とし、車載電池への知見が深い。社長兼最高経営責任者（CEO）の松本昌一氏は、電池産業の行く末をどうみているのか。

――米アップル（Apple）が自動車・モビリティー事業へ新規参入するという観測が広がっています。

車としては、米テスラ（Tesla）が出てきて、非常に大きく変わってきた。以前は日産自動車に長くいて、電気自動車（EV）といえども車は電池を積んでモーターを付ければ動くというものではなく、それほど簡単にはできないと考えていた。しかし、今はそれが大きく変わっている。アップルやソニーなどが車を普通に造れるようになりつつある。

これまで自動車メーカーが手掛けてきたスポーツカー的な走りができるかといわれると違うだろうが、EVだとそういうニーズは少ないだろう。少なくともアップルカーにはそんな需要はない。車の買い方、車そのものの使い方、使われ方が同時に変わってくるだろう。

――異業種からの自動車産業への相次ぐ新規参入により、サプライチェーンはどう変

わりますか。

部品を準備し、提供する流れが大きく変わるわけではない。ただ、ピラミッド構造を特徴とする車業界の特殊なサプライチェーンではなくなるのではないか。

自動車メーカーを頂点とし、部品メーカーが連なるピラミッド構造では新規参入へのハードルは高かった。そんなハードルが下がり、安くて良いものに臨機応変に変えていく流れに進むだろう。

EVではデザインなどに車ごとの特徴があるだろうが、電池やモーターなど多くがコモディティー（汎用品）化していく。特別なものを造るというよりは、良いものを安く、近くで調達できることの重要性がアップルカーなどでは強まるだろう。

サプライチェーンは、機動的にしなければならない。日米欧などでは電池を決めてからモデルが出るまでに3年くらいのリードタイムがかかっている。中国メーカーではそれが1年くらいと早い。

車はほぼ完璧な形で立ち上げるのが当たり前だと思っていたが、安全性は担保した上でまず造り、ソフトウエアをアップデートして車の完成度を高めていくという形に変わってきている。スピード感が変わる覚悟をして、素早くコストを下げたり、ボリュームを増やしたりといった変化対応力が求められるだろう。

電池開発の重要な視点が変わる

――電池の置かれている競争環境をどうみていますか。

電池はまだ特徴を出せる、差別化できる部品だ。言いすぎかもしれないが、エンジンや変速機に近いものではないかと思う。性能だけではなく、安全性や耐久性など総合的な価値を提供できる。チャンスだ。ここ半年、1年で商談の雰囲気が変わった。見積もりをするというだけではなく、早く現地で電池を造ってほしい、いつから造れるかなど、かなり現実的なものづくりとして進んできている。

――車載電池各社が生産能力の増強を急いでいる中、どう差別化していきますか。

リコールなどが起きる中、品質はさらに重視されている。これまで日産のEV

「リーフ」には、セルで1億枚以上提供しているが、その中で煙が出たり発火したりという事例は一切ない。そこは強みとして訴求できる。なぜ安全なのかという理由をしっかり説明し、納得してもらえている。

安全性の観点で、他社からエンビジョンへと乗り換える事例がある。各自動車メーカーは、電池メーカー1社だけから調達することはリスクと認識している。2次、3次サプライヤーを必ず確保する。1次が決まっているメーカーには、まず2次でも3次でもいいので使ってもらえるように話をしている。その中で信頼を得て、1次に取って代わることを狙いたい。

——2019年に中国の再生エネルギー大手のエンビジョン傘下に入りましたが、どう連携していきますか。

今後は、電池のリユースやリサイクルのニーズが間違いなく高まる。電気をうまく使い、電池をどう使い尽くすのか、という考えが大事になる。親会社のエンビジョンを含めて、電源ネットワークの中で我々の電池をどう活用していくのかを考えている。

車用の電源を定置用電源として活用する実験を今後進める。車としての用途が終わった電池をすぐに転用し、最後はしっかりとリサイクルして、有益な材料を取り出してまた活用していく。

ただ、定置向けなどに用途を広げる中でも、まずはEV用の電池として、長く走れる、軽くする、急速充電ができるなどの競争力の向上が必須だ。ライバルとの殴り合いは避けられないし、そこで勝たないと定置向けなど他への展開を広げられない。

リサイクルについては、電池から取れるデータなどを使って電池を使い尽くせれば、それがコスト競争力につながっていくだろう。そういう仕組み作りには時間がかかるが、親会社のエンビジョンとも役割分担しながら進めたい。

——欧州や中国などは国を挙げて電池産業の構築を急いでいます。日本の電池産業が生き残るための課題はなんですか。

日本でどれだけ安くいいものを造れるかが大事で、サプライチェーンの構築は必須だ。原材料は日本で採れるわけではないので買ってくるしかないが、その先の製造過程でかかるコストをいかに下げられるかが求められている。日本が技術力などを維持しながら、中韓に負けないレベルでものづくりをできるのか——。個社だけではどうにもならない。日本全体のサプライチェーンをどう構築するのかが、一番大事になってくるだろう。

6-14
栗山 年弘 アルプスアルパイン社長
車載HMIの開発スピードは5倍に速まる

栗山年弘氏（写真：アルプスアルパイン）

部品のコモディティー化が叫ばれる中、各社が次世代車両で個性を発揮しようとしているのが車内空間だ。米アップル（Apple）やソニーなどの新規参入組だけではなく、既存の自動車メーカーも新しい車内体験を模索する。車載ヒューマン・マシン・インターフェース（HMI）大手のアルプスアルパインで社長を務める栗山年弘氏が、今後の戦略を明かす。

――車のコモディティー化が指摘されています。

モーターや電池、そしてそれらを搭載する電気自動車（EV）のプラットフォームは寡占化してくる。基本ソフト（OS）や自動運転用の半導体なども、いくつかの候補に絞られていくだろう。では、どこで差異化するか――。それが、外観のデザインである、車内空間であると考えている。当社の事業領域である車内のヒューマン・マシン・インターフェース（HMI）は、コモディティー化の影響は受けない。

現状でも、「アウディ（Audi）」や「BMW」「メルセデスベンツ（Mercedes-Benz）」のドイツ系や日本の「レクサス」など、ブランドごとにHMIが大きく異なる。他のブランドとの違いを出すことが価値につながると考え、各社は差異化に注力しているのだ。だから、当社が開発する部品の種類は減らない。

――部品の品種が多いと、開発の手間やコストがかさみそうです。

「減る」イコール、コモディティー化なので痛しかゆしだ。もちろん、当社のリソースも限られているので、すべてのメーカーと付き合うことはできない。当社が自動車メーカーに対して1次部品メーカー（ティア1）の立場でやっているのは日本と欧州、米国のメーカーだけ。

中国からも新興のEVメーカーが続々と登場しているが、そことの付き合いは2次／3次部品メーカー（ティア2／3）でいい。ティア1にセンサーなどの部品を売る。中国市場などはこの立場で考えている。車は今後、ますます二極化していくのだろう。安価なEVが売れ始めているが、当社としては中高級車の領域に注力していく。

――話題の「アップルカー」も、高級EVとして投入してくるのではという予想が大勢です。

アップルカーがどうなるかは分からないし個社の具体的な話はできないが、彼らはもともとHMIにすごくこだわっている会社だ。いち早くパソコンにマウスを採用したのが米アップル（Apple）で、指でのタッチ操作を当たり前にしたのも「アイフォン（iPhone)」だった。「アイポッド（iPod)」に搭載した「クリックホイール」は、くるくると指で操舵すると「カチ」「カチ」とクリック音を出したのが新しかった。

五感に訴えることにこだわるアップルなので、アップルカーも思想は同じなのかなと想像している。五感に訴求できる技術は当社もいろいろと用意できているとは思っている。

車載と民生、両方の事業を持つ強みが生きる

――HMIが車の重要な競争軸になっていくということですね。

繰り返しになるが、ドイツや日本の高級車ブランドもHMIにすごくこだわっている。分かりやすいのがスイッチだ。車内には多くのスイッチが搭載されているが、押したときのクリック感はブランドごとに全部違う。その上で、1つの車、あるいはブランドとして統一させている。エアコンのボタンから後部座席のリクライニングのボタンまで、フィーリングを統一させる傾向が強い。

そうなると、運転席のスイッチはA社から、後部座席のスイッチはB社から調達するというのは成立しにくくなる。車内のスイッチを一括で受注するプロジェクトが増えている。

——HMI開発の強化という点では、日本精機との資本業務提携をはじめ、他社との協業を加速させています。

見据えているのは「統合コックピット」としての提供だ。当社のHMI技術やインフォテインメント機器と日本精機の車載メーターやヘッド・アップ・ディスプレー（HUD）を組み合わせることで、車内体験を1つのシステムとして提案できるようになる（**図6-2**）。他社との協業に関しては今後も検討していく。

図6-2　日本精機と共同開発する統合コックピットのイメージ（写真：アルプスアルパイン）

——ディスプレーやセンサーなどHMIの構成技術はスマートフォンと近く、民生系の部品メーカーが自動車市場に続々と参入してきそうです。

車を大量生産する際の難しさはハードにある。ハードウエアは必ずばらつきが起こる。スマホや家電などの民生機器と違って、車は命に関わるばらつきになるとリコールに発展する。この品質への要求の違いは、車載と民生の両方の事業を展開している当社は身に染みて分かっている。

IT企業が車両生産を台湾・鴻海精密工業（Hon Hai Precision Industry）などに委託すれば車を造れるのか。10万台レベルなら可能かもしれないが、100万台、200万台と量産できるようになるまでには結構時間がかかる印象を持っている。

——車載と民生の違いについて、品質以外に実感しているものはありますか。

開発の時間軸が5倍違う。スマホは1年単位で開発し、製品の寿命も短い。一方、車は5年間をかけて、品質を含めて造り込んでいく。ただ、車の開発スピードは今後、変わっていくだろう。

シャシー系やEVプラットフォームなどは5年サイクルが続く一方で、HMIなど車内環境に関係する開発はスマホのような時間軸になっていきそうだ。車載コックピットの構成部品がスマホに近くなり、また車載インフォテインメントとスマホが連携されていくからだ。自動車部品の専業メーカーにとっては厳しい変化だが、当社は車載と民生の両方の事業を持っているのでやりやすい。スマホやゲーム向け部品の開発で培った経験が強みになりそうだ。

6-15
鈴木 裕人　アーサー・ディ・リトル・ジャパン パートナー
技術リスクを取らぬアップル、取るテスラ

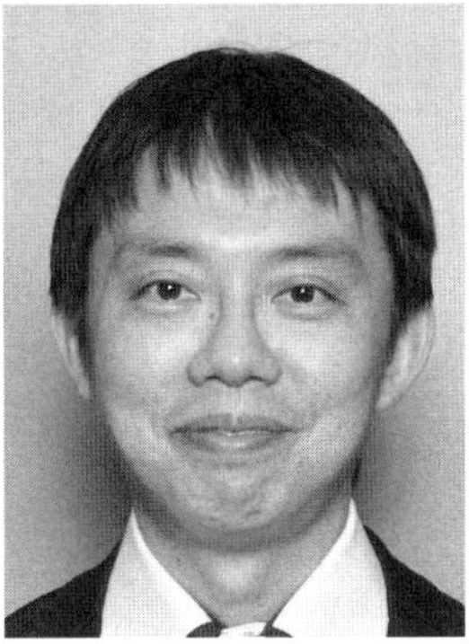

鈴木裕人氏（本人提供）

電気自動車（EV）の開発を模索する米アップル（Apple）。よく比較されるのが、EVで圧倒的な存在感を放つ米テスラ（Tesla）だ。自動車産業に詳しいアーサー・ディ・リトル・ジャパンでパートナーの鈴木裕人氏は、似ているようで大きく異なる両社の開発戦略をどう分析しているのか。

――米アップル（Apple）と米テスラ（Tesla）の違いは、ズバリ何ですか。

アップルは、基本的にテクノロジーリスクを取らない企業とみている。要素技術が整う段階まで待って商品化するのがアップルの戦い方だ。「アイフォン（iPhone）」がそうだったが、第3世代移動通信（3G）、液晶ディスプレーの低価格化など要素技術がそろい、手ごろな価格で売れるタイミングで仕掛けた。アップルが電気自動車（EV）を開発するということは、EVも同じような段階になると考えたのだろう。

この点、テスラとは対照的だ。テスラはテクノロジーリスクを取ってなんぼの企業。既存の自動車メーカーから見て、技術的に尊敬の対象になる側面がある。まねをするのかはともかく、資金がない中であそこまでできたのはすごいことだ。

――アップルカーはどんな車になると考えますか。例えば無人走行できるレベル4の自動運転技術を採用するとの見方があります。

レベル4は採用しないと思う。テクノロジーリスクを取らないアップルが、いま

だに成熟していないレベル4の技術を商品化するとは考えにくい。

また、レベル4の自動運転車の場合、ロボットタクシーのようなビー・ツー・ビー（B2B）の事業が主になることもある。アップルは基本的にビー・ツー・シー（B2C）の事業を志向するのではないだろうか。

アップルカー生産はどの企業か

――アップルがEVを開発する際の強みは何ですか。

今後、自動車で重要になる半導体とソフトウエアの開発力に競争優位がある。最近、半導体不足で自動車生産に影響が生じているが、本質的には自動車業界がIT業界に半導体を買い負ける構図といえる。今後も続くだろう。アップルは半導体受託最大手の台湾積体電路製造（TSMC）に対する交渉力がかなりあるとされる。自動車にも必要になるだろう先端半導体に関しては、自動車メーカーよりもアップルの方が圧倒的に調達力がある。

ソフトの開発リソースについても、アップルが優位だ。日系自動車メーカーでソフト開発にしっかりと手を打っているのはトヨタ自動車くらい。他の自動車メーカーはなかなか厳しい状況だと思う。日系に限らず、ドイツ勢も結構厳しい面があるようだ。

――EV生産に関してアップルはアイフォンと同様に水平分業を志向し、工場を持たないとの見方があります。

工場を持たないのがアップルの基本スタンスだと思うが、自動車産業で通用するのかについては、議論があるところだ。何十万台規模の自動車を生産することのハードルはとても高い。

個人的にはテスラのやり方が現実的な気がする。工場を居抜きで買って、自分たちで1回操業してみることだ。アップルが（EVに参入した頃の）テスラと最も違うのは、資金力があること。EVの開発において、その資金をどこに使うのか。工場を丸ごと持つのか、設備だけを持つのか。（アイフォンの生産を委託する）台湾・

鴻海精密工業（Hon Hai Precision Industry）が米国にEV工場を設立したとき、それに対してアップルが出資したり数量を約束したりすることでリスクをシェアする手段もあるかもしれない。

――生産委託先の候補として、オーストリア・マグナ・シュタイヤー（Magna Steyr）が挙がります。トヨタ自動車や独BMWの「スープラ」「Z4」などを生産受託している老舗で、基本的に少量生産車が対象です。

マグナについては、アップルがどれだけの販売量を想定するかによると思う。マグナの生産は熟練工が支えている部分があるからだ。アイフォンのブランドポジションを考えると、アップルカーは英マクラーレンオートモーティブ（McLaren Automotive）のような少量生産ではないだろう。多くの熟練工は、一朝一夕に集められない。マグナがアップルカーを受託できるかというと、なかなか難しい面があるかもしれない。

――中国の生産能力にはかなり余剰感があります。中国の余った生産能力を活用して、アップルカーを造るのはどうですか。

中国国営大手3社をはじめとした自動車工場の稼働率が低いことは大きな課題となっている。その生産能力を誰が押さえるのか、ということが水平分業の発火点になるかもしれない。

例えば自動車産業への参入をもくろむ中国IT系企業と余った工場を有する自動車メーカーの連携が進む可能性がある。ただし、中国国内向けの車両生産にとどまるのではないか。輸出できるだけの競争力があるのかというと、現時点でそこまでは…。

6-16
加藤 真平　ティアフォー創業者
1車種でいくら、1台でいくら、1人でいくら

加藤真平氏（写真：ティアフォー）

自動運転スタートアップのティアフォーが、パートナー戦略を加速している。同社が関わる自動運転の基本ソフトウエア（OS）「オートウエア（Autoware）」の普及団体が、台湾・鴻海精密工業（Hon Hai Precision Industry）などが進める電気自動車（EV）プラットフォーム「MIH」の普及団体と連携することを決めた。ティアフォー創業者で東京大学准教授の加藤真平氏は、どのようなビジネスモデルを描いているのか。

――米アップル（Apple）など異業種の参入は自動車産業にどんなインパクトを与えそうですか。

現在、自動車産業への参入が進むIT企業は、ソフトウエアやハードウエアのオープン化を進めている。自動車業界でも同じことが進み、その先にはゴールの多様化があるだろう。これまでは優れた車を造ることが自動車産業のゴールで、この産業ピラミッドの頂点に自動車メーカーがいた。今後は脱炭素、街づくり、モビリティーサービスと、ゴールが多様化していく。このゴールに合わせてピラミッドの頂点が変わるという産業構造に変化していくのではないか。

――垂直統合のビジネスモデルは変化しそうですか。

自動車産業の垂直統合のビジネスモデルは、一定部分は残ると思う。内燃機関

を開発して造るのは職人芸だし、簡単にまねできるものではない。一方でITなどの異業種が引っ越ししてくることで、水平分業などの彼らの文化も取り入れられていく。ピラミッド型の垂直統合、そしてプレーヤーが水平につながる「フラット」な産業構造が併存する世界になるのではないか。

オープンソースでどうもうけるか

――産業構造が多様化する中で、エコシステムの中心にいるためには何が必要ですか。

自動運転の電気自動車（EV）では、部品やソフトのサプライチェーンは既にあるが、誰が何を提供するのかはまだ流動的な状況だ。こうした中で提供するものが決まってくるのであれば、我々は自動運転EVを造る「レシピ」を提供し、必要なものを「どうぞ」と提供できるようにすることが大事だ。

例えば、ティアフォーが普及を進める自動運転の基本ソフト（OS）である「オートウエア（Autoware）」だが、この普及団体が台湾・鴻海精密工業（Hon Hai Precision Industry）などが進めるEVのプラットフォーム「MIH」の普及団体との連携を決めた。どちらもオープン化の手法を取っているのが特徴で、自動運転EVに関してはソフトとハード両面でオープン化が進むことになる。これによって、ティアフォーとしても様々な顧客に早く安く必要なものを提供できるようになる。

――ティアフォーとしては具体的にどういうビジネスモデルを描きますか。

「開発」「導入」「付加価値」の3段階に分けて考えている。オートウエアなどを採用しても、顧客ごとにカスタムが必要になる場合がある。まずは、この「開発」を担う。そして、開発してできた車に対し、保守を含めてソフトをアップデートする必要がある。これが「導入」だ。

最後に、オートウエアを採用した自動運転車に対して、エンターテインメントのコンテンツなどサービスを提供していく「付加価値」という順番になる。それぞれ1車種でいくら、1台当たりでいくら、ライド数または1人当たりでいくらというビジネスモデルになり、これに向けて技術開発などを進めている。

初出一覧

【第1章】

アップル参入で、壊れる自動車業界

- 根津禎、『日経Automotive』2021年3月号、Automotive Report「AppleがEV？　iPhone連携と半導体で差異化か」、pp.11-13.
- 星正道（聞き手）、『日経クロステック』2021年3月6日、特集「百家争鳴Appleカー　『アップルカー、次元の異なる価値を提示』志賀・元日産COO　私はこう見る（1）」.
- 清水直茂、久米秀尚、押切智義、清水孝輔、岡田江美、『日経Automotive』2021年5月号、特集「アップルカーの衝撃　車産業の秩序を破壊」、pp.26-47.

【第2章】

自動車産業に参入する新たなプレーヤーたち

- 小久保重信、『日経クロステック』2021年2月8日、連載「US NEWSの裏を読む『米中のEV開発に怒濤の動き、テスラ初の通期黒字化で成功が鮮明に』」.
- 根津禎、『日経エレクロトニクス』2021年5月号、特集「第2部：米国動向　自動運転で北米横断5往復　DMV報告書で見えた実力」、pp.26-35.

【第3章】

躍進するテスラの強さと次なる戦略

- 久米秀尚、『日経Automotive』2020年2月号、特集「テスラ分解 強さの源泉　統合ECUの衝撃」、pp.46-65.
- 野澤哲生、『日経エレクトロニクス』2020年11月号、解説「Teslaが電池単価6割減の衝撃　現行比20倍の規模で内製へ」、pp.46-55.
- 久米秀尚、『日経Automotive』2020年12月号、解説「テスラが電池内製化　目指すはEVプラットフォーマー」、pp.58-61.

【第4章】

大分業時代の幕開け、車づくりはこう変わる

- 清水直茂、『日経Automotive』2020年12月号、特集「ソニー・鴻海参入の衝撃　クルマ開発、新分業時代」、pp.34-49.
- 清水孝輔（聞き手）、『日経クロステック』2021年3月29日、特集「百家争鳴Appleカー　『スマホ技術資産、車開発に応用』川西・ソニー執行役員　私はこう見る（3）」.

【第5章】

競争舞台の大転換、自動車メーカーの生き残り戦略

- 木村雅秀、『日経Automotive』2020年7月号、特集「ソフトで勝ち抜く　ビークルOS時代の自動車戦略」、pp.30-43.
- 木村雅秀、『日経Automotive』2021年3月号、特集「ソフトウエアファーストのクルマ開発」、pp.25-41.

【第6章】

私はこう見る、自動車産業の新秩序

- 清水直茂、久米秀尚、押切智義、星正道、清水孝輔、岡田江美、『日経クロステック』3月26日-2021年4月7日、特集「百家争鳴Appleカー　私はこう見る」.

Apple Car
デジタル覇者vs自動車巨人

2021年8月23日　第1版第1刷発行

著　者　日本経済新聞・日経クロステック合同取材班
発行者　吉田 琢也
発　行　日経BP
発　売　日経BP マーケティング
〒105-8308　東京都港区虎ノ門4-3-12
装　丁　松川 直也（日経BPコンサルティング）
制　作　日経BPコンサルティング
印刷・製本　図書印刷

ISBN978-4-296-11016-2　Printed in Japan